目次

［……］は翻訳者による注記である。

序章◉

魅力あふれる媚薬

私がはじめてラム酒を口にしたのはティーンエイジャーのときだった。ただし、味わおうとして飲んだわけではない。未成年が出入りするパーティに誰かがもちこんだ質の悪いラム酒をむりに流しこんだのだ。こんなまずい酒をストレートで楽しむ人がいるなんて、想像すらできなかった。あのときのラム酒と私はすこぶる相性が悪く、なかなか打ち解けられなかった。しかし現在も、私はラム酒を飲みつづけている。パラソルの飾りがついた甘いトロピカルカクテルで味わうこともあれば、冷えこむ晩、コーヒーに足すこともある。私が上等なラム酒を高く評価するようになったのは、ある出来事がきっかけだった。それは、美女のハートをつかもうとしたときのことだった。

その女性は私よりいくつか年上で、なにしろ大人だったから、はじめてのデートはかなり緊張した。ディナーの予約時間より早く店に着いた私たちはバーで待つよう案内された。すると彼女は堂々とこういったのだ。「マイヤーズを。ロックでお願いするわ」。マイヤーズ？　私にはそれがなんなのかまったくわからなかったが、「いいね！　俺にも」と注文した。すぐに氷の浮かんだコーヒー色の液体が運ばれてきて、ひと口、慎重に飲んでみた。すぐに蒸溜酒だとわかったが、経験したことのない味だった。なめらかで、口当たりがやわらかく、スパイスとカラメルの繊細な香りが漂っていた。彼女が化粧直しに席を立ったすきに、私はバーテンダーにボトルを見せてほしいと頼んだ。そして、魅力あふれる媚薬《びやく》の正体がわかったのだ。

ラム？　これが**あの**ラムなのか？

ロマンスの灯はまもなく消えてしまったが、彼女が注文したラム酒に対する評価は飲むたびに上がっていった。ライトやダーク、スウィートやスパイシー、芳醇《ほうじゅん》なものからキレのあるものまで、いろいろ味わって楽しんだ。やがてはラム酒にまつわる伝承にも興味をもち、意外な歴史を知った。学んでいくうちに、ラム酒がティキドリンク（トロピカルカクテル）のベースとなっていること、カリブの海賊の逸話や、船乗りの下品な労働歌に登場する理由もわかった。

船乗りの労働歌でもっとも有名な一節といえば、「よいこらさあ、それからラムが一壜《びん》と！」だろう。これは古くからある歌ではなく、１８８３年に刊行されたロバート・ルイス・ス

マイヤーズ・ラムは多くの広告において、シンプルながら印象深いグラフィックデザインを採用した。写真は1941年の例。

ティーヴンソンの『宝島』に登場する。『宝島』ではラム酒と海賊の伝説が数多く語られているが、たしかにロマンチックとはいえ、まちがった情報だらけだ。とはいえ、ラム酒と海賊にかんする真実はすこぶる興味深い。

ラム酒は飲み物であると同時に、通貨であり、儀式の要素でもあった。禁酒運動家からすれば乱痴気騒ぎ《らんちきさわぎ》の象徴であり、イギリス海軍では水割りで飲んだため健康に配慮した節制の象徴だった。イギリス植民地時代にはニューイングランドのおもな輸出品であり、いまや南はニュージーランドから北はカナダのニューファンドランドにいたるまで、広い地域で製造されている。ラム酒は経済を活性化し、奴隷貿易を助長し、ラム酒を支配していた船長やラム酒を規制していた統治者への反乱をあおった。また、ラム酒はいまも信仰に欠かせない要素だ。作家に称賛され、政治家が乾杯に使い、原料のサトウキビを刈り取る労働者にとっても安らぎや報酬になっている。近年では熟成したラム酒も入手できるようになり、高級スコッチ・ウイスキー同様、神秘的な魅力にあふれている。さらに、新世代の蒸溜業者が伝統ある製法を用いて、驚くような新しいブランドを生みだしているのだ。

ようするに、ラム酒はワインと同じように研究する価値のある飲み物でありながら、これまで世間がなかなか関心を寄せなかったのだ。本書だけではそんな日陰の部分すべてを照らしきれないが、少なくともラム酒の起源、世界各地における歴史、文化面での影響に触れ、未来をのぞいてみようと思う。カリブ海諸島でラム酒が誕生した当初の歴史について細かく記した本はたくさんあるが、世界中の現象を俯瞰《ふかん》してラム酒に迫った本はほかにない。本書ではラム酒を人類学的視点から解説し、さらに、ラム酒を褒め称えたり悪者として非難したりしている歌や詩も紹介する。

私はラム酒に、まさに出逢ったその瞬間から強く心を揺さぶられた。伝承や文献について語るだけでも、この分量の本なら軽く2冊は超えてしまうだろう。

第1章◉本物のラム酒とは？

◉ラム酒とはなにか

まず、ラム酒とはなにかを押さえておきたい。ごく基本的なこととしては、ラム酒とはサトウキビを蒸溜した酒であり、生のサトウキビをしぼったジュースから造るものと、サトウキビを煮つめて砂糖を分離したあとの糖蜜で造るものがある。とはいっても、この2種類を分けることからしてややこしい。ラム酒の定義は簡単そうで簡単ではないのだ。

100パーセントのサトウキビジュースを醱酵させると、アグリコール・ラム、あるいは、カシャッサと呼ばれるラム酒になる。現在、世界で造られているラム酒の約10パーセントがこの製法をとっている。実施しているのはほとんどがブラジルか元フランス植民地だが、現

ウィリアム・フッカー作、サトウキビの版画。1830年。写真の時代が到来する以前の、美しく正確な芸術の一例だ。

在では地域にかかわらずこの製法を用いる蒸溜所が増えている。サトウキビジュースから造ったラム酒を示す一般的な呼称はないが、カリブ海諸島フランス領の島々の蒸溜業者が、自分たちの造るラム酒だけがアグリコール・ラムだと主張していたり、ブラジルの法律ではブラジル国内で造ったラム酒だけがカシャッサだと規定していたりする（カシャッサはブラジル産ラム酒の別名にすぎないように思えるが、ブラジル産ラム酒のなかには単にラム酒として出回っている商品もある。たしかにカシャッサは一般的なラム酒よりアルコール度数が低く、蒸溜の初期手順もちがう。しかし、こうした理由だけで別の酒だとはいえないだろう）。

本書では「サトウキビのラム酒」という言葉を使っていくが、これは糖蜜ではなくサトウキビジュースから造ったラム酒をさすものとする。通常、ジュースから造るラム酒は糖蜜から造るラム酒よりかなり高価だ。原料のジュースが貴重なうえ、比較的生産性が低いからだ。サトウキビのラム酒は、サトウキビが熟し、新鮮なジュースがとれる時期にしか造れないため、1年をとおして生産できるわけではない。かたや糖蜜から造るラム酒は、貯蔵しておいた原料からいつでも造ることができる。

原料に糖蜜を使う蒸溜業者は、自分たちが造るラム酒にフランス語「アンデュストリエル・ラム（工業生産ラム）」を充てようとはしない。フランス人の意図はあきらかだ。サトウキビのラム酒のほうが健康にいいと思わせるためにのものだからだ（概して、フランス人はラ

サトウキビジュースから糖蜜を造っているところ。アメリカ、ウエストヴァージニア州ラシーン。1903年。

ム酒製造技術の裏にいて、マーケティングに長けていた)。糖蜜はサトウキビジュースを煮つめて砂糖の結晶を分離したあとの廃物だ。ラム酒に使用される以外にも、ビンに詰めて料理用にしたり動物の飼料に混ぜたりするといった用途もある。生の糖蜜の味はじつに幅広く、サトウキビの特徴、土壌、気候によって変化する。たとえば、ブラジルの糖蜜はとりわけ甘くて軽めだが、フィジーの糖蜜は同じ工程で造られても苦みがあり、色は2倍に凝縮したくらいに濃い。さらに糖蜜には、砂糖精製の過程のどの段階のものかによってグレードがある。イギリスや元イギリス植民地では、1回蒸溜した糖蜜をライト・モラセス(「モラセス」は「糖蜜」の意味)、2回目をダーク・トリークル[「トリークル」も「糖蜜」の意味」またはダーク・モラセス、3回目をブラックストラップ・モラセスと呼ぶ。これらを使ってさまざまな種類のラム酒が造られるが、低品質の糖蜜を使用した場合はたいてい再蒸溜して渋みをとりのぞく。

砂糖を精製すれば、どんな方法であれ廃棄物として糖蜜が出るが、ラム酒造りに適したものは少ない。ラム酒は甜菜《てんさい》［ヒユ科の植物。根をしぼった汁から砂糖をつくる］を精製したときにとれる糖蜜でも生産できるが、精製の過程でアルカリ塩が濃縮されるため味が落ちる。メープルシロップ［カエデの樹液を凝縮した甘味料］の糖蜜からもラム酒は造れるが、サトウキビの糖蜜より高価なため、コストを考えると商売には向いていない（メープルの栽培量はサトウキビのわずか5パーセントにすぎず、樹液が取れる期間も短い。かたや、サトウキビは熱帯地方ならほぼ1年中栽培できる）。また、モロコシ属［イネ科。モロコシ属のうち甘味の強いものが甘味料の原料となる］も精製すれば糖蜜がとれ、ラム酒を造ることができる。蒸溜業者は、原料にすべて、あるいは一部だけ、モロコシ属の糖蜜を使おうと試行錯誤しているが、その努力はアメリカやEUの法に邪魔されている。これらの法によると、サトウキビから造った製品しかラム酒と名乗れないのだ。アフリカや中国にあるいくつかの企業では、地元消費者のためにモロコシのラム酒を製造しているが、文化的な理由によりほとんどが「ウイスキー」と表示されている（アジアでは「ウイスキー」という語がすべての蒸溜酒に使われている。タイのメコン・ウイスキーのように、原料の95パーセントが糖蜜で5パーセントがコメという酒もある)。中国とインドの「ウイスキー」のなかには、原料のすべて、あるいは一部が糖蜜というラム酒もあり、かなり上等な品もある。

アグアルディエンテという酒になると状況はさらにややこしくなる。アグアルディエンテはメキシコからアルゼンチンにかけての国々や、各地に散らばった元スペイン植民地で製造されている。なかには別の名前で呼ばれている本物のラム酒もある。アグアルディエンテは実際にはラム酒だが、アニス［セリ科の植物］やハーブで香りづけをしたもの、ブドウの搾りかすを醱酵、蒸溜させたグラッパまで含まれる。いっぽうで、あきらかにラム酒なのに別の名前で呼ばれているものもある。アグアルディエンテはアグア(水)とアルディエンテ(火)の合成語で、スペイン帝国時代はアルコール度数のかなり高い酒の総称だった。コロンビアやメキシコで造られるサトウキビを原料としたアグアルディエンテのなかには洗練されたなめらかな味わいのものもあるが、それ以外は密売人が扱う粗悪な密造酒という印象だ(現代の蒸溜業者がさまざまな方法でラム酒の開発を進めてきたが、奇妙にもサトウキビジュースと糖蜜を混ぜて使うことはまずなかった。サトウキビジュースと糖蜜をブレンドして造られたラム酒を私はいまだひとつしか知らない。メキシコのベラクルスで造られているロン・ロス・バリエンテスだ)。

ますますややこしくなるが、ラム酒と呼ばれる酒は他にもあり、おまけに原料はサトウキビジュースでも糖蜜でもない。19世紀、砂糖の精製をおこなう植民地をもたないヨーロッパ諸国の蒸溜業者は「インランダー・ラム」という酒を考案した。これは穀物アルコールに味や色を足してダーク・ラムに近づけた混成酒だ。とはいえ、オーストリアのシュトロー社のように、インランダー・ラムを長年造ってきた主要企業もいまや製法を変え、輸入した糖蜜を使用している。EUの規制（ラム酒と名乗るための条件）をクリアする目的もあったが、こうした変化により、現在合法的に販売されているインランダー・ラムはすべて本物のラム酒になった。

本物と偽物を区別する法の制定やその他の社会的変化のおかげで、粗悪な似非《えせ》ラム酒は姿を消した。偽のラム酒は、外界との貿易が制限されていた時期のソ連で出回っていた。東欧圏ではおもにキューバのラム酒を輸入していたが、ソ連の一般市民は自国で造るインランダー・ラムしか手に入らなかった。彼らは本物のラム酒をいちども味わったことがなかったため、その「ラム酒」が偽物だということすらわからなかった。黒海にあるソ連の海軍基地で訓練していたキューバの将校たちは本物を知っていたので、ラム酒と称される地元の安酒を飲んだときはぞっとしたという。私自身、20年以上まえ、ブルガリアに訪れたさい、ヴァルナにある〈クバン・ホテル〉で地元の酒を口にしてみたが、金属のような妙な味がして、これまた質の悪い果汁を混ぜたところでどうにもごまかせなかった。ソ連が崩壊して得た多くの文明的恩恵のひとつは、この類のまずい酒が絶滅したことだ。

現在のところ、本物とされるラム酒に階級や区分の基準はひとつもないが、これまでに多くのグループ分けが提案されてきた。一般に、色はホワイト、ゴールド、ダークに分けられ、透明からインクのような漆黒まで幅広い。かならずというわけではないが、通常、色が濃いほど熟成している。ホワイト・ラムはたいてい澄んでいて若いが、例外もある。熟成させたラム酒を濾過《ろか》するとふたたび澄んでくるのだ。逆に、安価な若いダーク・ラムにカラメルの味を足して色をつければ熟成酒のように見せかけることもできる。

スコッチ・ウイスキーと同様、一般のラム酒蒸溜業者は熟成の過程で複雑な味わいを加えるため、ワインやバーボンの製造に使った樽を再利用する。熟成の期間はさまざまだ。国によっては、熟成酒に分類するなら最低8か月間は地下に貯蔵しなければならないとされる。この期間が2年という国もあるが、法による基準をまったく設けていない国も多い。ブランデーやスコッチ・ウイスキーの最短熟成期間［種類によっては数十年］を考えると3～4年でもかなり短く感じるが、だからといって熟成ラム酒の味が単純だというわけではない。サトウキビが生い茂る温暖地域では、寒冷地域に比べ、樽詰めしたアルコールの熟成がはるかに早い。これは蒸溜業者にとって利点だが、熟成の過程で蒸発する量が多いという欠点もあ

蒸溜所の天井まで積みあげられたラム酒の熟成樽。アメリカ領ヴァージン諸島のセントクロイ島。1941年。

る。

ラム酒の味はいろいろな要因で変化する。サトウキビの特性、収穫する時期、糖蜜の純度、蒸溜回数、アルコール度数、熟成期間などだ。そのため、熟練した生産者はさまざまな種類の製品を造ることが可能で、400年以上の歴史をもつ蒸溜業者やベテランの貯蔵担当者が日々試行錯誤しながら腕を磨いている。

◉蒸溜の仕組み

原料を醱酵させてからエッセンスを凝縮する蒸溜技術は、中世のアラブやペルシアの錬金術師が生みだしたとされていたが、この仮説は覆された。パキスタンのタキシラにある博物館に貯蔵されていたテラコッタ製蒸溜器が5000年まえのものだと推定されたからだ。これは単純な装置で、ドーム形のふたが付いた土製ポットに着脱可能な注ぎ口がついており、ポットを熱すると中の液体が覆いをした別の容器へと流れる仕組みになっている。現在の蒸溜所を訪れた経験がある人なら誰でも、のちにアラブの錬金術師がアランビック蒸溜器と呼ぶようになる道具の原理が見てとれるはずだ。古代の先駆者はこれを使って、香料用の植物オイルやアルコールを造ったのだろう。しかし、本書を執筆している時点で、当時、原料としてポットになにを入れていたのか、内部を調べる調査はおこなわれていない。

蒸溜の知識は紀元前4世紀、アレクサンドロス大王率いる軍隊が遠征したのを機にインドから広がったのかもしれないし、ギリシアの科学者が自分たちで発見したのかもしれない。どちらにせよ、古代アテネの科学者たちは知っていたのだ。アリストテレスは蒸溜について手短に触れているが、商業的に流通する規模で実施されていたかどうかは定かではない。反対説も多いが、ローマ人はこの技術を発展させるためになにもしなかった。原因は、よく引用される、詩人オウィディウスのものとされる金言からわかる――「蒸溜酒を飲み干すより、ほんのいっときでも昼寝をしたほうが英気も養えるし刺激にもなる」。オウィディウスは昼寝の効果について多くを語っているが、この一風変わった発言は、おそらく19世紀のアメリカの作家エドワード・ルーカス・ホワイトが発信元だ。

蒸溜器は錬金術の象徴だった。右手前にある蒸溜器が目を引く。ハインリヒ・フォン・バウディッツによる版画。1728年。

西暦1000年を迎えてすぐ、アヴィセンナや他の錬金術師たちがそれまでの研究結果を反映させて薬や香料の蒸溜技術を改良した。1150年頃、ヨーロッパの無名の天才が、蒸気を冷やすため、ボイラーと収集器をつなぐ管を延長するアイデアを思いついた。こうして生まれたコイル状の管はコンデンサーと呼ばれ、アランビック蒸溜器の効率を格段に上げ、こんにち私たちが知る蒸溜器の基盤を確立した。最初に蒸溜したアルコール飲料は、記録によるとアクア・アーデンズ（「燃える水」の意味）と名づけられた。未精製のアルコールには妥当な名前で、その後、この名は何世紀にもわたって多くの言語に翻訳された。

ブランデーは早くも1300年代、ウイスキーとウオッカは1405年に造られたという記録が残っている。蒸溜の工程はエリザベス朝（1558～1603年）のイギリスには広く普及していて、どのマナーハウス（荘園領主の邸宅）にも「蒸溜室」があり、女性たちはアクア・ヴィタエ（「命の水」の意味）という酒を造っていた。錬金術師が不死の妙薬を作ろうといまだ原始的な蒸溜器で奮闘しているいっぽう、一般市民は同じ道具を使って薬や気晴らしに飲む酒を造っていた。熟成してまろやかにする技術がまだ発達していなかったため、これらは未精製の蒸溜酒だった。しかし、こうした酒は胸躍る発明品であり、大陸中の技術者が腕を磨くために尽力した。

ヒンドゥー教の神クリシュナの侍者が酒を飲んでいる。古代ヒンドゥー教徒は酒を薬や聖餐《せいさん》の飲み物として利用した。

◉砂糖の歴史をごく簡潔に

少なくとも3000年前から、人はサトウキビ属（学名サッカラム Saccharum）の多年草サトウキビからジュースをしぼり、醗酵させていた。ラム酒にかんして広く誤解されているのは、ラム酒の名がこの属名サッカラムに由来しているということだ。これは真実ではありえない。なぜなら、植物学者リンネがサトウキビをサトウキビ属に分類したのは1753年で、サトウキビから造る酒にラムという名がついた時期はそれよりはるか昔だからだ。

野生のサトウキビは種類が多く、インドとビルマ（現ミャンマー）の国境地域から中国中部、果ては太平洋諸島まで、東南アジア全

サトウキビ（学名 *Saccharum officinarum*）を描いたエッチング。ウィリアム・ジャクソン・フッカーの『植物全集 *Botanical Miscellany*』（1830～1833年）より。

域で繁茂《はんも》している。もっとも早く栽培をはじめたのは6000年前のニューギニアのようだが、栽培と醱酵にかんする最古の記録が残っているのはインドである。

『マナソラーナ *Manasollana*』（「幸せな心をもたらす書」の意味）と呼ばれる文献は、インドのヴェーダ時代、紀元前1800年頃のもので、サトウキビから造るビールのレシピが載っている。さらに興味をそそるのは、当時の他の文献に、砂糖から造るアルコール、ソーマとスラーの2種が記されている点だ。スラーはサトウキビとコメからできていて、戦士を勇気づけるために飲ませていた。ソーマは貴族用に保管され、飲む人の優れた資質を助長する酒だと信じられていたようだが、残念ながら原料はわからない（当時の原稿に使われている単語は正確な意味がわからないものが多く、レシピを復元するには問題がある）。ただ、ソーマの原料がなんであろうと、これはアルコールベースの妙薬のひとつであり、古代インドの薬箱に入っていたのだろう。

アレクサンドロス大王率いる軍隊は「ハチが作らないハチミツ」に驚いた。これは紀元前326年、大王がインドに侵攻したさいに現地人から手に入れたサトウキビシロップの第一印象だ。もし戦士のひとりがサトウキビをギリシアにもち帰って育てたとしても、がっかりすることになっただろう。サトウキビは地中海の気候ではうまく育たない。そのため、砂糖は異国からとりよせる高価な輸入品となった。95年、紅海の貿易を記した書物には「サッカーと呼ばれるアシ［サトウキビのこと］からとるハチミツ」が載っている。ヨーロッパで砂糖が売買された最古の資料だ。

中世になるとイスラム教徒の貿易商が砂糖で莫大な利益を手にした。エジプトとシチリアにサトウキビがもちこまれ、これを機に、ヨーロッパの巨大市場で売買されるようになった。売値は下がったが、利益は減らなかった。取引量が激増したからだ。しかし、ヨーロッパ人はしだいにこう考えるようになった。イスラム教徒の貿易商に莫大な金を支払っているが、少なくとも名目上は戦争状態にある敵なのだから、自分たちでサトウキビを育てられる土地を探そう、と。

ポルトガル人はまずアフリカの植民地とアゾレス諸島にサトウキビのプランテーション［広大な農地で単一作物を大量に栽培する大規模農園］を創設した。当初は軽犯罪者やユダヤ人が

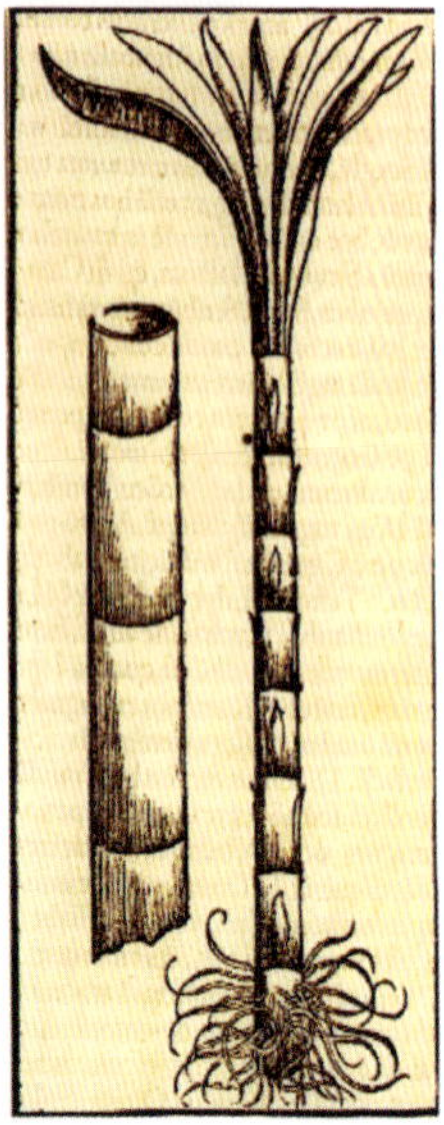

サトウキビ。セバスチアン・ミュンスター『宇宙誌 *Cosmographia*』（スイス、バーゼル。1544年頃）のラテン語版より。

ブラジルへ送る奴隷の売買を描いたオランダの版画。ヨハネス・デ・ラム作。1680年頃。白人商人が現地の助手に支払いをしたところ。石台にとりつけられた鎖とその陰にいるアフリカ人に注目。

刑罰として働いていたが、これでは労働力が足りず、管理も難しかったため、アラブの商人からアフリカの黒人を買った。こうして砂糖と奴隷制度の関係が生まれたのである。

　このような冒険的事業から得られる利益は莫大だったが、海の潮流が不安定なうえ、アフリカ沿岸を吹く予測不能なサハラ砂漠の風のせいで移動の旅は危険きわまりなかった。ただ、利益を生む土台はすっかり整っていたため、ヨーロッパ列強はこの歴史ある植物を栽培する土地として新世界に目を向けた。

第2章◉ラム酒の起源

南北アメリカ大陸において、いつ、どこで、サトウキビが繁茂しはじめたのかはいまも議論が交わされているが、記録によれば少なくともイスパニョーラ島では1516年、ブラジルのポルト・セグーロでは1520年、ジャマイカ、キューバ、プエルトリコでは1595年にサトウキビ畑と製糖機があったのはたしかだ。

◉サトウキビの育つ地

ポルトガル人はアフリカで経験を積んだおかげで優れた技術を身につけており、広大なブラジルの領土でその知識を活かした。ブラジルのサン・ヴィセンテで働くポルトガル人農場主の報告によると、1530年代にはプランテーションへの投資が莫大な利益を生んでいて、本来ならもっと儲かるはずが、長きにわたり人手不足だったらしい。地元住民は畑で働くこ

熱帯の暑さのなか、サトウキビの刈り取りは過酷で危険な作業だった。ウィリアム・クラーク『アンティグア島10の風景：1786年 *Ten Views in the Island of Antigua, 1786*』より、「サトウキビを刈る奴隷たち」。1786年。

とをしぶり、奥地に逃げこんでやすやすと追手をかわした。そこでポルトガル人はアフリカの植民地から奴隷を輸入しはじめた。逃亡しても地元住民に溶けこめないからだ。こうしてアフリカ人奴隷制度が新世界に浸透していった。

スペイン、イギリス、フランスなどライバルの帝国もみな同じ労働力の供給源に目を向け、アラブ商人から奴隷を買った。サトウキビプランテーションは混雑した刑務所さながらで、カーサグランデ（マナーハウス）で領主が手に入るかぎりの贅沢な輸入品を堪能するいっぽう、奴隷はセンザラという不潔な小屋で暮らしていた。こうした辺境の地のどこかで、日々の暮らしに役立つ蒸溜の知識をもつだれかが、サトウキビジュースや砂糖を精製するさいに残る沈殿物《ちんでんぶつ》を利用して、いま私たちがラム酒と呼ぶ酒の粗野な原型を生みだしたのである。

こうしたラム酒がいつどこで誕生したのかについてはまだまだ議論すべき点があり、正確な答えは出ないだろう。概して、巨大な帝国は些細なことにかんしてはいい加減で、重要と考えることしか記録しない。地元の役人も、奴隷たちによる密造酒開発の知らせなど聞きたくなかったはずだ。実際のところ、上司に、自分の命令で監督下にあった部下が不道徳な発明をしたと報告したら、クビになりかねない。西インド諸島のマルティニーク島に住むオランダ系ユダヤ人は、１５５０年には砂糖からなんらかの液体を蒸溜していたと考えられているが、記録がわずかしかないため断言はできない。

ブラジルのポルトガル植民地にいたバイーア州総督トメ・デ・ソウザは、1552年に最古かつたしかな資料を残している。これによると、サトウキビのプランテーションにいた奴隷は、「カシャッソcachaco」を飲むことができれば抵抗せずにすすんで働いたという。カシャッソは飲み物ではなくピクルス用のアルコールを指す単語に似ている。原始的で粗野な蒸溜酒「カシャッサcachaça」だ。カーサグランデに住む領主はカシャッソを嫌い、ヨーロッパから輸入したワインやブランデーを好んで飲んでいた。カシャッソは、唯一、奴隷が合法で造れる酒だった。植民地の役人も、奴隷が従順になってくれるなら、廃棄物から造った酒を飲むことくらい問題視しなかったのだ。

カリブ海諸島や南アメリカの植民地は母国に砂糖を送り、完成した製品や贅沢品を輸入していた。植民地同士、ましてや植民地と外国との交易は厳しく禁じられていた。そのため、スペインとポルトガルの貴族の多くが手にした財産は、母国内で造ったブランデーとワインの貿易が基盤だった。たとえ母国の植民地で造られているものでも受け入れなかった。もし利ざやの多いこの独占分野を砂糖から造る酒が脅かしていたら、製造はもっと厳しく規制されていただろう。実際、ポルトガル政府は1639年に禁止令を出している。1647年(まだサトウキビから造る蒸溜酒が他のどこにも記録されていない時期)には、カシャッサを飲めるのは奴隷だけと定め、例外として、当時オランダの支配下にあったペルナンブーコの住民に売ることのみ許可した。ポルトガル政府はラム酒を健康に悪い厄介ものだとみなしていたが、商売がたきに社会問題のタネを輸出するのだから気にも留めなかったのである。

当時、スペインとフランスの領土だったカリブ海諸島でラム酒の蒸溜がおこなわれていたことを示す決定的な記録はないが、やっていなかったとは信じがたい。どちらの文化でも蒸溜は日常的に利用していた技術であり、各島や南アメリカ本土に多くのサトウキビプランテーションがあったのだ。糖蜜やサトウキビジュースを蒸溜したらどうなるかを、ポルトガル人しか知らなかったとは考えにくい。フランス人の聖職者ジャン・バティスト・デュ・テルトルは、１６５０年、蒸溜器をマルティニーク島にもちこみ、滞在した8年間にさまざまな実験をつづけた。しかし、その後数年間、ラム酒は慣れ親しんだ飲み物にはならなかった。また、オランダ人は腕のいい蒸溜技術をもち、カリブ海諸島の植民地で砂糖を精製していた。彼らがラム酒貿易を発展させたことは火を見るよりあきらかだろう。

カリブ海諸島のラム酒についてはじめて言及した資料は有名かつ侮蔑《ぶべつ》的で、１６５１年、イギリス植民地バルバドスを訪れた者が次のように報告している。「この島で造られているおもな酒はラムバリオン（rumbullion、乱痴気騒ぎ）、別名キル・デビル（kill-Devil、悪魔殺し）だ。サトウキビを蒸溜して造った、強くて、身の毛もよだつ、恐ろしい液体である」。

これは「ラム（rum）」の語源候補のうち最古の記録で、多くの歴史家が、サトウキビの蒸溜酒が発明された時期の証拠として引用している。ラム酒の起源として確定したわけでもないのに、この誤解はいまも消えていない。ラム酒とバルバドスとのつながりは、とりわけ英語を話す地域で広まり、18世紀を通じてラム酒は「バルバドスの酒」と呼ばれていた。

「ラムバリオン」という呼び名の語源については熱い議論が交わされている。「ラム」は「優秀な」を意味するイギリスの田舎の方言だと主張する者もいるし、格闘を意味する「スクラム（scrum）」や、生い茂った、騒々しい、だらしない、を意味する「ラムバスシャス（rum-bustious）」との関連性を指摘する説もある。このころの当事者が直接書いた資料はどれも、ラム酒がいかに粗雑でひどいものかを語っているため、「優秀な」の説は無理があるだろう。「ラム酒愛飲家はけんかっぱやい」とはっきり記された当時の文書が残っているので、後者の説のほうが有力に思える（初期に自由民［奴隷制度のある社会において奴隷以外の人々のこと］が書き残した多くの見解によると、ラム酒で酔った者は暴力を振るうが、奴隷だけは従順になったという。飲む人の階級によって正反対の影響を与えるなどという特性は、ラム酒にはない。自由を望めない者は感情を殺し、感覚を麻痺させるためにラム酒を飲み、新たに落ち着かざるをえなかったコミュニティで自由民の支配をなるべく受けずにすむようにしていたのだろう）。

「キル・デビル」という呼び名は「ラム」とともに世に定着し、同じ意味をもつオランダ語

ドイツの植物学者ゲオルグ・マルクグラーフが1648年に出版した書籍。新世界で砂糖を蒸溜してアルコールを造っていたことを記す最古の確かな記録だ。

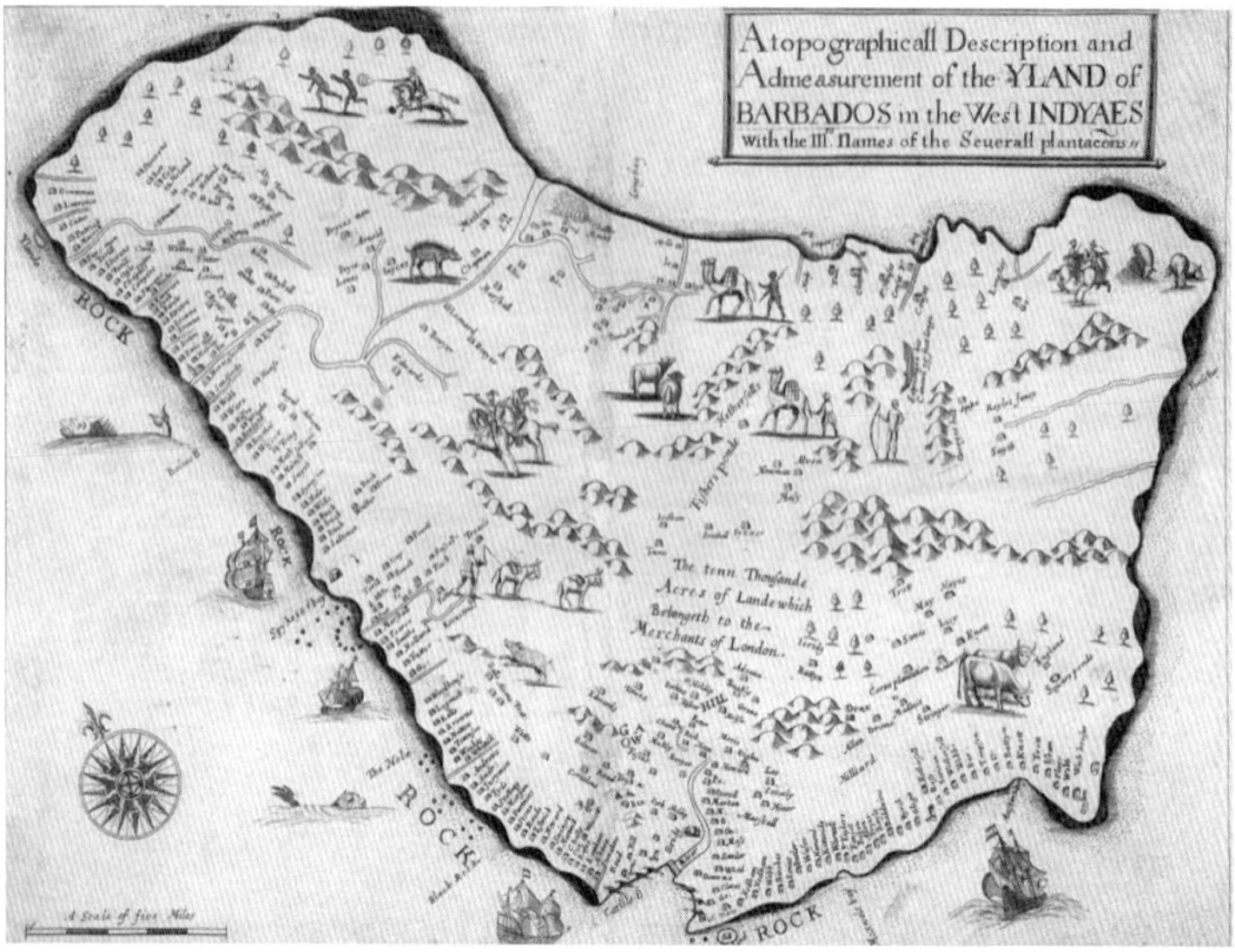

1657年のバルバドスの地図。おもなサトウキビ・プランテーションと逃亡奴隷を狙撃する馬上の男（左上部）が描かれている。

の「キールデュベル（keelduivel）」やフランス語の「ゲルディーヴ（gueldive）」も生まれた。ただ、ラム酒が紳士の口にも合う飲み物だという報告や記述が見られるようになるのは、さらに100年ほどたってからである。

●ラム酒を商業生産したイギリス

フランス、ポルトガル、スペインと違って、イギリスは守るべき地産ワインやブランデーの貿易がなかった。そのため、植民地の行政当局はラム酒の製造と他のイギリス植民地への輸出を許可した。起業家はラム酒の製造法を会得するなり商売を開始したが、たちまち密輸が問題になったようだ。1661年の植民地公文書年次目録（The Calendar of State Papers Colonial）によると、イギリス植民地時代のジャマイカ評議会は「ラム酒、砂糖、ハンモックにかんする従来の条例はいまも有効である。すなわち、押収品の半分は王のもの、残りの半分は通告者のものとする」と布告した。通告者が手に入れた半分をどうしたにしろ、なぜハンモックという品目が載っていたのかについてはいまだ解けない謎である。残念なことに「従来の条例」がいつ出されたのかもわかっていないし、資料も残っていないが、あっというまに悪評が立った密輸に対してイギリスが規制をかけた初めての試みだった。

初期の記録には、ラム酒は公共の厄介もの、社会の悪と記されている。1661年、バルバドス総督ロバート・フーパーはコミュニティの秩序を向上させるために一連の対策をリストアップし、そのひとつとして兵士たちに「ラム酒を売る店は小さくてもすべて」廃業させるよう命じた。1670年、バルバドスの商人ジョン・スタイルはイギリス政府に長い手紙を送り、ラム酒にまつわる現状を嘆いている。

> 居酒屋はいまや倍くらいに増えています。住民はいなくなり、強い酒を売る店に10人もの男がたむろしています。ライセンスをもつ店は100軒以上。おまけに、サトウキビやラム酒の製造所ではライセンスなしで酒を販売するありさま。おかげで誰もが破

滅へ向かうほかありません。多くの人がプランテーションを売り、私掠船《しりやくせん》［敵国の船を攻撃して船や積み荷を奪う許可を得た個人船］に乗りこむ者もいれば、飲んだくれて借金を抱える者もいます。刑務所の費用を支払うために自分を売ったり売られたりする者もいるのです。

実際にどんな措置《そち》が取られたのかは記録が残っていないし、ジョン・スタイルが返事をもらったかどうかも定かではない。過激な飲酒習慣に不満を持っていたのは彼だけではなく、翌年、バルバドス総督ウエストも使用人の手配を要求するさいにこんな希望を述べている。

閣下が使用人をイギリスから派遣してくださいますように。来年、使用人の一部の任期が切れます。イギリス人の召使ひとりはバルバドス人の召使ふたりに相当します。バルバドス人はラム酒に溺《おぼ》れており、ボトルを目の前でちらつかせないとほとんどなにもしないのですから。

ウエスト総督統治下の植民地が得る利益は糖蜜とラム酒の貿易に基づいていたが、効率を上げるために代償を払わなければならなかったのだ。

広くいわれているとおりバルバドスが「ラム酒発祥の地」なのかどうかは疑わしいが、ラム酒の製造が商売に結びつき、品質を向上させた地であることはまちがいない。他の冒険的事業と同様、イギリス人起業家は効率が悪く活気のない市場に向き合い、利益をあげる取引となるよう先導した。ブラジルの農園主は原始的で粗雑なラム酒を、改良せず、商品化もしないまま70年間造りつづけた。かたやバルバドスでは、同じ農園主たちが、ラム酒が島に姿をあらわしてからわずか10年のあいだに品質を向上させ、大金を生む商品に変えたのだ。

◉ニューイングランドのラム酒

当時、イギリスのラム酒はカリブ海諸島以外ではあまり取引されていなかったが、原料の糖蜜はアメリカのニューイングランド市場でたちまち売れはじめた。ニューイングランドでラム酒について触れている最古の記録は、1657年、マサチューセッツの高等裁判所がアルコールの過剰生産を指摘したときだ。「ラム酒、蒸溜酒、ワイン、ブランデー等々」の酒は社会の脅威《きょうい》だとして取引に規制をかけた。ただ、この法は輸出入品を対象とし、施行までに時間がかかったため、ラム酒はしばらくのあいだ販売されていたにちがいない。それでも1667年には裁判所が措置を講じ、薄いビールにラム酒を足してアルコール度数を高くしていた居酒屋も取り締まりを受けた。

ラム酒はニューヨークのスタテン島で１６６４年、ボストンで１６６７年、フィラデルフィアで１６７１年にはたしかに製造されていた。当時の医師は暑いアメリカの空気と水は健康によくないと考え、ラム酒に薬効があると信じていた。また、ラム酒は寒くて湿度が高い日にも薬のような役目を果たした。外出する直前、凍てつく寒さをしのぐために「気つけ薬」としてラム酒を飲んだのだ。このように、ラム酒は環境による不調を緩和するために飲まれ、実際に病気を治癒する効果はなかったものの、経済を活性化したことはまちがいない。

燃料が高価で、森が点在するカリブ海諸島と違って、ニューイングランドには広大な森があり、蒸溜に必要な薪には困らなかった。労働者にはスコットランド人やアイルランド人も多く、彼らはすでに母国で酒取引の術《すべ》を学んでいた。カリブ海諸島で過酷な仕事につくよりも、寒冷な北の地の蒸溜所で火に囲まれて過ごすほうがまだ耐えられた。それに、海図が正確になって航行が安定し、輸送費も安くなっていた。

このようなことが重なった結果、糖蜜は植民地文化の一部となり、働き者の主婦がいろいろな料理に利用した。たとえば、コーンミール［乾燥させたトウモロコシを挽いた粉］、糖蜜、バターで作る「インディアン・プディング」だ。また、１６７１年、医師の草分け的な存在であり植物学者でもあったジョン・ジョスリンは、ニューイングランドのメインで、サッサフラス［クスノキ科の樹木］の根、水、ふすまで造った糖蜜ビールを出されたと記している。これは、北アメリカで、醱酵だけして蒸溜はしていないサトウキビ製品について触れた最古の資料のひとつだ。ジョスリンはこの糖蜜ビールとラム酒をはっきりと区別し、痛風や尿路結石の治療として、ラム酒で煮たタマネギをすすめた。ただし、この治療法を試した患者はラム酒を鎮痛剤として飲むことは許されなかったようだ。ジョスリンはラム酒で煮たタマネギを湿布にし、患者の腰に貼ったのだから。

ラム酒の生産が定着すると、凍てつく冬に心身を温めて癒やす熱い酒、ホットトディのおもな材料となった。ホットトディの作り方はいくつもあるが、作るのに手間がかかるものもある。マサチューセッツ州、カントンのランドロード・メイという男が考案したホットトディは有名だ。まず、砂糖、卵、生クリームをかきまぜ、2日間寝かせる。次に、マグにビールを入れ、作っておいたクリーミーな液体をまぜたら、火かき棒を入れて熱し、ラム酒を加えたら完成だ（突飛に思えるだろうが、これがまたじつにおいしい。アルコール漬けのマシュマロのようだ。この「ランドロード・メイ・フリップ」をはじめラム酒を使ったレシピは本書巻末に載せたので参照されたい）。出す直前に溶き卵を加えたものは「ベロウズトップ」と呼ばれ、まさにカスタードクリームだ。

ラム酒を、ニューイングランドでもっとも人気があるハード・サイダー〔発泡性のリンゴ酒〕とまぜる飲み物もある。糖蜜とスプルスビール〔トウヒ属の樹木で風味づけしたビール〕をまぜれば、愉快な名前の「カリボグス」ができる。当時、他に人気があったのはラム・シュラブというカクテルで、砂糖、ビネガー、オレンジ果汁またはライム果汁をまぜたコーディアル〔滋養強壮効果のある酒〕だ（「シュラブ shrub」という語は、英語で同じスペルの「低木 shrub」ではなく、アラビア語の「飲む sharab」からきているのだろう）。ビネガーはラム・シュラブにぴりっとした味と、とびきりすっきりしたのどごしを添えてくれる。植民地時代の洗練されたカクテルだ。

ラムドリンクの見ための美しさを堪能するより酔っぱらいたい場合はストレートで飲むものだが、たいていは絶望や堕落の証とみなされた。当然、ピューリタンは気晴らしの酒など好まなかった。1686年、牧師インクリース・マザーは苦悩に満ちた説教でこんなふうに嘆いている。「近年、ラムというお酒が普及してきたことを遺憾《いかん》に思います。貧しい者、おまけに邪悪な者までが、1〜2ペンスもあれば酔えてしまうのですから」

ラム酒は原料が安く大量生産できるため売値が安い。輸入した糖蜜1ガロン（約4リットル）と少しの水があれば1ガロンのラム酒ができる。1673年、糖蜜1ガロンの値段は1シリングで、できあがったラム酒は1ガロン6シリングで売られていた。ほとんど手間も

著者がランドロード・メイ・フリップを作っているところ。マグに熱い火かき棒をさして砂糖をカラメリゼすると同時に、ビール、ラム酒、卵、生クリーム、砂糖をまぜた液を沸騰させている。

かけずに、うらやましいほどの利益が出る。取引量が増えるにつれ、価格は下がっていった。ラム酒は一大産業となる規模で生産され、世界各地に輸出された。
ニューイングランドの船乗りと商人は、アルコール飲料の摂取を制限する強引な法律のもと、ラム酒の売買で生計を立てていた。ジョスリンはこんな不平を述べている。

オーディナリーと呼ばれる娯楽施設に見慣れぬ客が入ってくると、すぐさま担当の役人がかけよっていって監視した。役人は勝手に上限を決めていて、それを超えて酒を注文すると、招かれざる客はしらふで帰るか、あわてて注文を取り消し、アルコールが1滴も入っていないものを頼むことになるのだ。

ひと目で酔っぱらいだとわかるまで飲んでしまった者は、罰金を払わされ、屈辱を受けた。丸1日、樽から頭と手足だけを出してさらし者にされ、その後1か月間、赤い文字で「D」［飲んだくれを意味するdrunkardの頭文字］と書いた服を身につけなければならなかった。
こうした規制はアメリカ先住民にかんしてはさらに厳しく、1633年以降、先住民にラム酒を売った者はみな罰金を払わなければならなかった。また、のんきなニューヨーカーに対しても厳しかったようだ。ニューヨーカーいわく、「強い酒をなにもかも禁じるのはひどすぎるし、筋が通っていない。ラム酒はフランスのブランデーと同じように害はほとんどないし、むしろ、結局のところ体にすごくいいんだ」。ニューヨーカーだけが先住民の酒を飲む権利を擁護《ようご》していた。当時、その他の人々はほとんどが「気の短い極悪非道の野蛮人」による反乱を恐れていたのだ。

この点については当の先住民族たちも意見が分かれており、部族民が酔っぱらったときの問題を認識している長もいた。1695年、フランスの侵攻が予測されたとき、オノンダガ族の長はニューヨーク植民地の総督ベンジャミン・フレッチャーにこう頼んだ。「われわれがラム酒を買えないようにしてください。代わりに火薬と鉛をお願いします」。かたや、逆の見解を示す長もいた。1763年のポンティアック戦争では、セネカ族の長ワビコミコットはナイアガラ砦に向かう兵士にラム酒を与えること要求し、しらふの部下とはうまくやれる自信がないと警告した。ベンジャミン・フランクリン［アメリカの政治家、著述家］は先住民の雄弁家が発した言葉を記録している。

万物を生みだした偉大なる精霊は、すべてを使うべくして創造なさった。それがどういう用途であれ、偉大なる精霊が考案なさったとおりに実践すべきである。偉大なる精霊はラム酒を造ったときこういわれた。「先住民はこれを飲んで酔えばよい」。だから、

イギリス産業の理想を描いた1823年の絵。きちんとした身なりの監視人がせっせと働く奴隷を指揮している。左側に描かれているのが蒸溜器、右奥に見える風車がサトウキビ圧搾機だ。

そうしなければならないのだ。
フランクリンは自身の陰鬱《いんうつ》な気持ちを書きそえた。

じつのところ、野蛮人を一掃し、農夫の居場所を作ることが神の御意思だとしたら、それこそラム酒に与えられた使命なのかもしれない。すでに、ラム酒は沿岸に住んでいた部族を壊滅させたのだから。

アメリカ先住民の文化に大打撃を与えたラム酒は、ニューイングランドの特定地域でのみ製造された。ここでは工業向けの蒸溜技術が発展し、大量生産が可能となっていた。むろん、大量生産すれば価格は下がる。のちにエドマンド・バーク［アイルランドの思想家］がこう述べている。

ボストンでは、輸入した糖蜜で造る蒸溜酒の量のみならず売値の安さにも驚かされる。1ガロン2シリングに満たない。このラム酒は品質が優れているわけではなく生産量と安値が話題になっている。

上質のラム酒は、カリブ海諸島、とりわけバルバドスで製造された。バルバドスの蒸溜技術が高いのは、熱帯の暑さも一因だった。温暖な地域では蒸溜酒はかなり早く熟成する。そのため、もしもニューイングランドの人々が工程をまねしたとしても、西インド諸島から輸入したラム酒と同等の品にはならなかっただろう。格づけによる価格設定システムが急速に普及し、西インド諸島のラム酒にはニューイングランドのラム酒の倍の値がついた。粗悪なラム酒も大量に出回り、混成酒に用いられたり、貧困層に売られたり、奴隷貿易における対価として利用されたりした。

1686年までには南部の植民地はニューイングランドのラム酒を大量に購入しており、すぐさま通貨の役割をもつようになった。イギリスが銀貨の輸出を禁止していたため、植民地はどこも慢性的に通貨が不足しており、物々交換に頼らざるをえなかった。その結果、スペイン、フランス、オランダの硬貨が広まり、オーストリアで鋳造《ちゅうぞう》されていた銀貨ターラーはアメリカドル［英語発音はダラー］の単位名の由来となったにもかかわらず、広く流通しなかった。

ラム酒は通貨の空白を埋めた。計量や分配は容易だった。購入者が飲んでもいいし、なんらかの目的で転売することもできた。1700年10月には賃金がラム酒で支払われるようになった。ニューヨーク議会が、税関で使用する小型帆船を作っていた船大工の賃金の一部をラム酒で支払うよう命じたのだ（この小さくて速い船はラム酒の密輸船を追跡するために使用された。船大工が受け取ったラム酒が合法的に入手したものであることを願おう）。この慣習は普及し、のちに、偉大な経済学者アダム・スミスが『国富論』のなかでこう記している。

ニューヨークでは一日当たり賃金は、最下層労働者で三シリング六ペンス、イギリス・ポンドに換算すれば二シリング（〇・一ポンド）である。船大工で十シリング六ペンスとラム酒一パイント（英ポンドで六ペンスにあたる）、合計して英ポンドで六シリング六ペンス（〇・三二五ポンド）である。［山岡洋一訳。日本経済新聞出版社より引用］

やがて、さまざまな取引や契約がラム酒を通貨としておこなわれ、この慣習はたちまちニューイングランドを越えて広まった。土地取引にすら用いられ、ノースカロライナの320キロ以上内地にあるカーナーズヴィルの一画はラム酒4ガロンで売買された。

カリブ海の海賊。奴隷と交換するラム酒の樽を運んでいる。チャールズ・エルムズ『海賊の書 *The Pirates Own Book*』（1837年）より。

◉ラム酒の密輸と三角貿易

ラム酒による支払いの慣習は行政官や収税吏にとって頭痛のタネだった。1690年11月、税関の収税吏エドワード・ランドルフによれば、ヴァージニアとノースカロライナの住民は製造したタバコの大部分を密輸し、ごくたまに捕まったときは、関税をラム酒で支払っていたという。ランドルフの報告は入植者に偏見をいだいていることで有名だった。植民地で造る飲み物をどう考えていたか、彼がイギリスの自宅に送った手紙の最後の部分から読みとることができる。

気分が悪い。口に合う食べ物も飲み物もない。ラム酒にはどうもなじめない。
こんなことを書いて申し訳ないが、まったくの事実なんだ。
（サイン）エド・ランドルフ

ランドルフが入植者や彼らの飲み物にどんな印象をもっていたとしても、17世紀末にはラム酒の密輸が世界規模のビジネスになっていたことはまちがいない。1699年7月、ニューヨーク植民地の提督リチャード・クートは書いている。

海賊がマダガスカルへ運ぶ密輸品は、いままで耳にした取引のなかでなにより利益を出している。だが、海賊に強奪させるより儲かる方法があるにちがいない。聞くところによると、商人兼船長のシェリーがラム酒を売ったらしい。ニューヨークでは1ガロン2シリングのところ、マダガスカルでは1ガロン50〜60シリングだったのだ。

実直な地元民にとっては驚きだったが、立派な市民が違法取引で逮捕され、税関の検査官に賄賂《わいろ》としてラム酒を贈っていた。ラム酒を飲んだ検査官がまじめに仕事などできるはずもない。著名な市民でさえ密輸で逮捕された。ボストンのピーター・ファニエル・ホール［ボストンの中心部に位置するショッピングセンター、会議場］の名の由来となった人物（かのファニエル）は、1736年、フランス人との違法取引で所有船1隻を押収されている。ファニエルは他にも酒を利用した計略をめぐらせていた。フランス人の代理人に送った手紙には、「上等なフランスのブランデーには価値があるだろう。隠して送れるなら、ラム酒と交換しよう」と書いている。

どのくらいの量のラム酒が密輸されていたかは知る由もないが、多くの起業家が警備の甘かった広い沿岸で活動し、取引を阻止するはずの役人を買収していたことは周知の事実だっ

1956年のジャマイカの切手。サトウキビの茎で縁取られているエリザベス女王。イギリス人がジャマイカを大事に考えていた理由がよくわかる。

た。ラム酒貿易の経済効果は公式に発表されたが、その数字は桁違いの過小評価だ。ラム酒とラム酒を造るための糖蜜は、1700年にはカリブ海諸島でもっとも取引量の多い主要産物となっており、南北アメリカのイギリス植民地が手にする利益の大部分を占める収入源だった。

また、ラム酒はのちに三角貿易として知られるようになる取引も後押しした。三角貿易では、糖蜜がニューイングランドに輸出されてラム酒になり、ラム酒が奴隷を買うためにアフリカに送られ、アフリカ人奴隷が糖蜜の原料サトウキビを栽培するためにカリブ海諸島や南アメリカに送られた（この三地点を同じ船が回ったわけではない。奴隷船は荷物を積むには不適だった。しかし、三角貿易によって金は流れた）。

ラム酒がアフリカの奴隷貿易を生みだしたわけではない。奴隷貿易はアラブ人が遅くとも13世紀からおこなっていた。ただ、サトウキビが強制労働者を使って広大なプランテーションで容易に栽培できる作物だとわかったとたん、一気に広まったのだ。航海が比較的安全で安定したものになってくると、取引量が増加し、商品はますますラム酒に特化された。カリブ海諸島のイギリス植民地は砂糖と糖蜜を輸出し、その他の品はすべて輸入した。食料をはるか遠くの土地に頼るようになった結果、穀類や野菜の栽培、畜牛の飼育は活気を失った。サトウキビを栽培したほうが儲かるからだ。

豊かなカリブ海の漁業でさえ、ラム酒の大量生産を追い求めるがゆえに見捨てられた。蒸溜所経営者エマニュエル・ダウニングの日誌には簡潔にこう記されている。「職工長は蒸溜に使用する鉄鍋を鋳造。西インド諸島との取引は頻繁におこなわれており、売れない魚を糖蜜と交換」。糖蜜は砂糖を精製する段階で得られる廃棄物なので、ダウニングの文章は、つまり、あまった魚と砂糖のカスを交換して双方が利益を得ているということだ。

このような貿易ルートができた影響はいまもカリブ海諸島全域の食事に残っている。寒冷な海で獲れるタラはカリブ海のような温かい海にはいないが、人気の食材だ。奴隷の祖先をもつカリブ海諸島の人々はいまもタラのフリッターを大切に口にしている。現代では当然、

蒸溜所を描いたこの版画は1823年作だが、蒸溜技術はそれ以前のものとほぼ変わっていない。樽職人が樽を造り、奴隷がラム酒を大樽に入れ、白人の支配人が監督している。

このような食材は奴隷と取引されてはいないが、いまでもラム酒から得る利益を支払いに充てている。

1655年、イギリスがスペインからジャマイカを奪い取った年、ラム酒貿易が爆発的に栄えた。ジャマイカの土壌と気候がサトウキビの栽培に最適だったのだ。土地はバルバドスの20倍以上あり、バルバドスとは違って豊富な燃料と水があった。農園主と奴隷が流れこみ、蒸溜所が建設され、ジャマイカのラム酒はたちまち品質の基準となった。ジャマイカの人口は20年間で4倍に増え、新たなプランテーションが創設され、とうとう奴隷の数が自由民の数の20倍に達した。ポート・ロイヤルはよこしまな金持ちの街として有名になり、1692年の大地震で壊滅するまでカリブ海諸島全体の中心地だった。

カリブ海諸島ではフランス植民地でも奴隷制度が浸透し、人道的な対応を確立しようとする動きも見受けられた。1717年の黒人法では、農園主が奴隷に食事代わりにタフィア（フランス語で低品質のラム酒を指す俗語）を与えることを禁じたが、守られることはめったになかった。奴隷が日曜日に休暇をとっているという報告は数多くあったが、実際は家族を養うため、ラム酒の物々交換に追われていた。

多くの国が奴隷貿易を実施するなか、1807年、イギリスが禁止令を出した。といっても、理屈からすれば、農園主はイギリス人が連れてきた奴隷を買えばよいという抜け道があった。1833年に奴隷制度そのものが禁じられたあとも違法な奴隷貿易はイギリス船が独占していたが、アメリカ、オランダ、フランスの船も従事していた。奴隷貿易を正確に把握するのは不可能だ。ほとんどが違法だったのだから。それでも、ある時点からは奴隷が残した迫害の記録に基づいて状況を推測することができる。

三角貿易はみなに利益をもたらしたが、売買された奴隷だけは例外だった。ラム酒を売ればば裕福になれる、と誰もが認めていた。リチャード・カンバーランドの劇『西インド人 The West Indian』（1771年）の主人公は、「テムズ川をラム・パンチ［ラム酒にハーブやフルーツを漬けこんだ飲み物］にできるだけの砂糖とラム酒」を管理するよう命じられている。

1838年、サミュエル・モアウッドが出した推測によれば、当時、ジャマイカのプランテーションではラム酒の販売だけで全経費を補えたため、砂糖から得られる利益は丸儲けだった。上流貴族は自分たちの富の土台を築いている奴隷制度をあえて無視した。ジェイン・オースティンが1814年に刊行した『マンスフィールド・パーク』［中野康司訳。筑摩書房］では、裕福なトーマス・バートラム准男爵が問題に対処するため、所有するアンティグアのプランテーションに1年ほど出張する。彼の留守中、女主人公ファニー・プライスがプランテーションで働く奴隷のようすを家族のひとりに尋ねた。答えは「沈黙」。この手の話題は上流社会ではぜったいに御法度だったのだ。ファニーたちは、今度開催するパーティの準備

奴隷廃止主義者ウィルバーフォースの運動は世の注意を奴隷制度に向けた。写真のような卓上砂糖入れを製造し、「東インド産砂糖　奴隷が作ったものではありません」ときざんだのだ。

など、自分たちにとって大事なことに話題を切りかえた。『マンスフィールド・パーク』が人気を博したのは、まさにイギリス市民が奴隷貿易を、堕落した慣習であり不道徳だとみなすようになった時期だった。カリスマ政治家ウィリアム・ウィルバーフォースは奴隷制度の邪悪な面について熱弁を振るった。

比較的軽いタッチで描いたのは風刺詩人ウィリアム・クーパーの『哀れなアフリカ人への憐憫 *Pity for Poor Africans*』（１７８８年）だ。有名な一節でこう歌っている。

私は思う　奴隷を買うなど恐ろしい
売買している悪党がおぞましい
奴隷の苦難、苦痛、うめき声が耳に入る
岩でさえ　きっと同情する
胸が痛む　でも口には出せない

砂糖とラム酒なしでは　生きていけない

ウィルバーフォースの熱弁、クーパーの風刺、著名なクエーカー教徒の丁重な説得によって、多くのイギリス人がこれみよがしにカリブ海諸島産の砂糖を拒絶し、自由民が造ったインド産の砂糖を選ぶようになった。

アフリカからの奴隷輸入は1807年に禁止され、1833年、イギリス帝国全土において奴隷制度が廃止された。カリブ海諸島の社会は激変し、元アフリカ人奴隷はプランテーションで働くことを拒否し、場所によっては反対に働くことを拒否された。結果、プランテーションの所有者はインドから労働者を輸入するようになった。こうした労働者は現在なら我慢できないような状況で懸命に働いたが、それでも奴隷よりははるかにましだったし、自由民の労働者は生産性が高いことがあきらかになった。

最終的に、世界の競争に勝ち抜いたカリブ海諸島のイギリス植民地が最高のラム酒をもっとも多く生産しつづけた。しかし、これは予知することはできなかっただろうが、やがて大量生産によって味が変わり、アメリカの内戦など複数の原因が重なって需要は減っていくことになる。

第3章 ◉ ヨーロッパ列強によるラム酒造り

◉スペイン、ポルトガル

ジェイン・オースティン作品の登場人物やイギリス人起業家はラム酒から莫大な利益を得ていたが、他国の起業家は前例に倣《なら》うことを禁じられた。スペイン人は、市民の健康と道徳を守るためだという理由をつけて広大な領土内でのラム酒の製造を禁じ、この禁止令は1796年になってようやく廃止された。植民地事業を手がけるスペインの行政官はメキシコやペルーの金銀にとりつかれ、砂糖の取引、ましてやラム酒にはほとんど関心を示さなかった。

ポルトガル人は不満を抱きながらも容認するのか、あるいは規制するのか、揺れていた。

ブラジルとアンゴラのポルトガル植民地における違法取引はあきらかに規模が大きくなっていた。1659年、ポルトガルのリスボン当局はブラジルにある蒸溜器とアルコールの密輸で捕まった船舶すべてを破壊するよう命じた。製造と流通を禁じた表向きの理由は、植民地にある金鉱の生産性が容認できぬほど低いのは労働者がカシャッサで酔っぱらっているからだというものだった。この禁止令は、1660年、のちにカシャッサ反乱と呼ばれるようになる暴動を引き起こした。その結果、ブラジルのリオデジャネイロの街は5か月のあいだ反乱者によって支配された。南アメリカ史上、入植者の権力に対して起こったはじめての暴動だった。ついにポルトガル政府は態度を軟化させ、ラム酒の製造を許可したが、輸出は禁止した。

カシャッサ反乱のあと、しばらくのあいだラム酒は合法となったが、ほとんどがアフリカの奴隷を買うために使われた。ブラジルは大量の金《きん》やダイヤモンドを採掘しており、砂糖の取引でも利益を得ていたので、財政はじゅうぶんに潤っていた。そのため、ラム酒の商業的な将来性など無視されたのだ。1744年、ジョアン5世政権がふたたびカシャッサの生産を禁止した。それでも陰ではほそぼそと造られていたが、輸出はその後60年近くおこなわれなかった。1755年、リスボン地震が起こると、ポルトガル政府は再建の資金がどうしても必要になったため、カシャッサを合法化し、高い税金を課した。

西インド諸島における砂糖の生産を描いた版画。ジョン・ヒントン作。1749年。全工程がわかる。

◉フランス

フランス人はカリブ海諸島のうちサトウキビ栽培に最適な島々を支配していた。それらの島には高い蒸溜技術を有し、腕のいい職人も多かった。しかし、偏見と政府の制限によってラム酒の輸出は禁じられ、製品の質は損なわれていった。ラム酒は1667年にマルティニーク島で造られた記録があり、オー・ド・ヴィ、ゲルディーヴ、あるいはタフィアと呼ばれていた。奴隷が奴隷のために造った酒だ。蒸溜業者であり聖職者でもあったジャン・ラバは、自身がヴァンガリエと呼ぶ蒸溜所で女性だけを雇った。男性と違って女性は酒飲みにはならないと信じていたからだ。地元商人や役人はラム酒の取引が大成功する可能性を見すえていた。オランダ人とユダヤ人の職人は良質のラム酒を造っていたが、パリ政府は無関心で、1713年に製造を禁止した。ラバはかなりの利益が見込まれることを具体的に指摘したが、無駄に終わった。

カリブ海諸島のフランス植民地では相当量の密輸がおこなわれていたが、輸出産業が繁栄したのは1770年代にラム酒が完全に合法化されてからだった。それまでにさまざまな変化が起こっており、フランスはライバルであるイギリスに追いつけないことが確実となった。

フランスがラム酒貿易を禁止するなか、最初からそれを無視している地域があった。フランス領ルイジアナ［ミシシッピ川を中心としたアメリカ中西部のほどんどを含む］だ。しかしここは、原料の栽培に最適な土地ではなかった。サトウキビはカリブ海諸島では利益を生んだが、北アメリカ本土では儲からなかった。フロリダやテキサスまでをも襲う突然の寒波は、当時栽培していた品種を壊滅させた。植民地を経営統治していたフランスのインド会社は1720年からルイジアナでサトウキビを栽培していたが、3年にいちどは不作に悩まされた。ルイジアナの砂糖は祖国フランスに送られ、やがてサトウキビジュースから造るタフィアの生産量が増えていった。総督デュ・プラットが書いたルイジアナ初期の歴史には、奴隷が日ごろ飲んでいたタフィアの記録がいくつか残されている。取引を規制する試みが繰り

マルティニーク島で造られたニグロ・オールド・ラムのボトル。
実際にサトウキビを刈り取っていた人々は疲れはて、おそらくここ描かれているほど明るくは見えなかっただろう。

返しおこなわれ、1757年、奴隷や兵士にタフィアを販売することが法で禁じられた。彼らにとってはもっとも身近な飲み物だったのだが。それでも結局、タフィアの人気はニューオーリンズの全階級におよび、1764年、総督ジャン・ジャック・ダバディが遺憾そうに記した。「市民がみな節操もなくタフィアを飲み、もうろうとしている」。

わずか1年後、フランスはスペインにルイジアナを譲渡したが、スペイン政府は植民地に対して圧政をおこなわず、ラム酒ビジネスも厳しく規制しなかった。1781年頃、ラム酒の取引は好景気を迎えた。当時、ジョセフ・ソリスがキューバからサトウキビの苗木をもちこんだところ、寒さにも耐え、生産性が高いことがわかったのだ。ソリスは腕のいい園芸家でもあり、それまで重要視されていなかった事業を活気づける策も考えだした。そして1784年頃、誰も予想すらできなかった行動に出た。歴史家チャールズ・ガヤルによると、ソリスは圧搾機を改良し、「サトウキビジュースから、砂糖ではなく、糖蜜やタフィア（蒸溜酒）を造った」のだ。ラム酒造りを第一目的とし、結晶化した砂糖を副産物ととらえた人物は、私の知るところ彼が先駆者である。

ジョセフ・ソリスは自身の蒸溜所から莫大な利益を得た。造った酒のほとんどは、父マニュエルがニューオーリンズで経営する居酒屋に送っていた。フランス人が大部分を占める地域のスペイン人支配者はこうした店を無視していたが、1785年、総督エステバン・ロドリゲス・ミロは日曜の礼拝のときだけは店を閉めるよう命じた。この控えめな制限さえ無視され、ラム酒を飲む習慣はニューオーリンズで人気を呼んだ。当時のラム酒の質について書かれた資料はほとんどないが、さぞおいしかったにちがいない。1798年には50ガロンの樽が4000個もミシシッピ川を通ってオハイオ河谷まで運ばれている。スペイン人やフランス人に向けたラム酒市場もあったが、彼らには取引を商業化する計画も技術もなかった。

貿易を合法化して奨励しそびれたことは、長期にわたる影響をおよぼした。蒸溜器も熟成法も改善されていったため、イギリス植民地ではラム酒の製造技術はみるみる進歩したが、他の植民地は誕生したときに罵倒《ばとう》された酒をそのまま造りつづけていた。たとえ販売されても安価な違法取引で、植民地の収税吏も税金を徴収しなかった。結局、彼らはイギリスの同業者より貧しく、ラム酒貿易が拡大するにつれてますます後れをとることになった。あきらかに、将来有望なビジネスをあえて捨てた大失敗だった。

◉ラム酒とアメリカ独立戦争

フランス人やスペイン人のプランテーション所有者はラム酒の人気に乗じて儲けようと懸

命だった。方法はひとつしかなかった。サトウキビを買ってくれる人に売ればいいのだ。1715年、フランス政府は自国のブランデー市場を守るため、植民地に対し、ラム酒の輸出を禁止した。これでは闇市で買おうとする客がいないかぎり、ラム酒造りも糖蜜も文字通り無駄になってしまう。だが実際、買い手は大勢いた。アメリカの蒸溜業者だ。

糖蜜は北へ向かい、ニューイングランドの植民地に渡った。海岸線はあまりにも長く、収税吏にはとても監視しきれなかった。イギリスは積極的に規制をかけたがうまくいかず、とうとう、密輸者を逮捕できなかった場合は買い手から税金を徴収することにした。1733年の糖蜜法では、非イギリス植民地から輸入された糖蜜1ガロンにつき6ペンスを課税した。もし徴収できれば、カリブ海諸島のフランス植民地に課される額の倍以上だ。あきらかに、ニューイングランド人を犠牲にして、カリブ海諸島のイギリス人農園主を豊かにする作戦だった。ニューイングランド人の繁栄は帝国からの分離運動を誘発すると考えられたからだ。イギリス交易委員会のマーティン・ブレイデンは、ニューイングランドにおける経済発展の見通しについて尋ねられ、こう回答している。

こうした課税では密輸を完全には禁止できないでしょう。しかし、それに近い結果を得なければなりません。なぜなら、ニューイングランドの植民地は、私たちを犠牲にしてフランス領の島々を活気づけ、自身をも向上させ、独立さえ考えているのですから。

予測どおり、ニューイングランド人は密輸を続け、検査官に賄賂を渡し、収税吏を脅迫した。課税はたいした歳入にならないうえ、激しい反感を生んだ。そしてついに避けたかった事態が現実となった。植民地の役人が堕落し、納税を拒否する人が増えると、独立を望む意志が高まってきたのだ。1758年、革命戦士のひとりがヴァージニアの植民地議会選挙に立候補した。ある集会で、選挙活動のマネージャーがラム酒28ガロン、ラム・パンチ50ガロン、ワイン34ガロン、ビール46ガロン、シードル2ガロンを配った（当時のガロンは地域によって基準が異なったためおよその量だ。基準が定められたのは、イギリスが1824年、アメリカが1899年である）。この集会でふるまわれたラム酒すべてが合法だったとは考えにくい。立候補した政治家（ジョージ・ワシントン、のちのアメリカ合衆国初代大統領）は手際よく選挙に当選し、さらなる偉大な計画に着手した。

交易委員会は、糖蜜の違法売買を規制すべく途方もなく高い税金をかけたが、失敗に終わったためこの方法をあきらめ、アメリカ人の利益になるように課税した。1764年の砂糖法では糖蜜の税金を1ガロンあたり3ペンスに下げたが、加工した製品しかイギリスに輸出できなくなり、イギリスではかなりの安値がついた。その結果、ニューイングランドで造

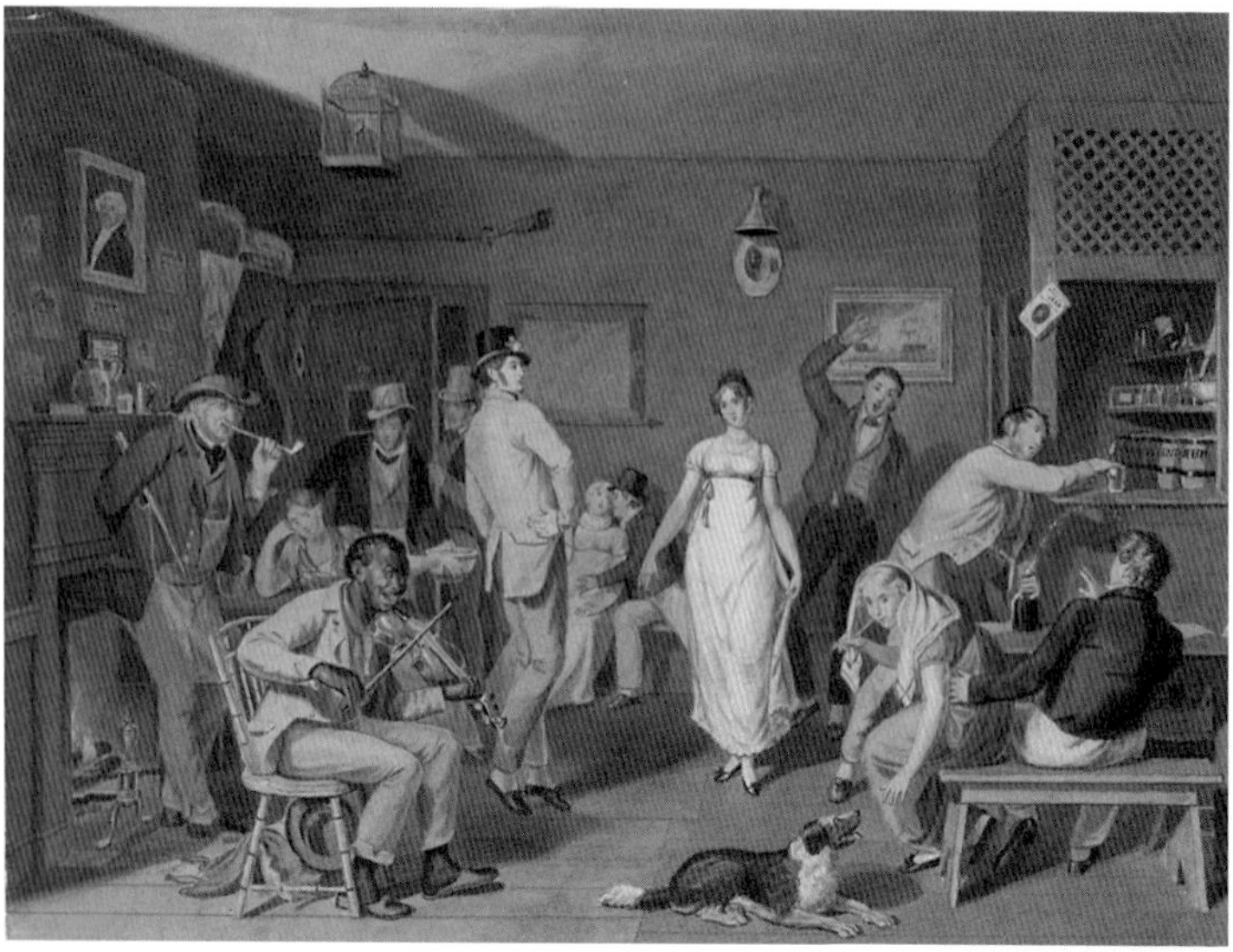

アメリカの酒場でダンスに興じている場面。悪評高い施設での楽しく平和なひとときだ。カウンターの奥に「ラム」と書かれた樽が置かれ、壁にはジョージ・ワシントンの肖像画がかかっている。

るラム酒はカリブ海諸島で造るラム酒とは比較にならぬほど質が落ちた。差がついたのは、カリブ海諸島のイギリス植民地は本国への依存性が高く、従順だったからだ。砂糖法によって沸きあがった激しい不満はときおり暴動を誘発し、はじめてイギリスの贅沢品をボイコットする運動が起こった。革命運動は、翌年の印紙法が可決されるまでは穏やかだったが、ラム酒に課税した時点ですでに導火線に火がついていたのである。

実際に革命がはじまると、南北アメリカはジャマイカやバルバドスからの供給が絶たれ、ラム酒を造るにもフランスやスペインの糖蜜に頼らざるを得なくなった。ある試算では、植民地の男性が1年間に飲むラム酒の平均量は4～5ガロンだったらしい。そのため、地元の蒸溜業者は需要を満たそうとてんやわんやだった。ニューイングランドのラム酒の質は以前から低かったがますます粗悪になった。ウイスキーが安くなって人気を呼び、やがて、ウイスキーを飲む人は愛国心があるとみなされるようになった。地産の原料を使用し、利益すべてがアメリカ国内にとどまるからだ。ラム酒は1775年に議会で承認された軍用食には入っていなかったが、多くの将校が部下の脱走を防ぐためにラム酒を購入していた。ただし、訓練も規律も乏しい部隊が多量のアルコールを手にすれば、あちこちでけんかが起こるのは当然だ。ジェームズ・マクマイケル中尉は「ラム樽熱」という病名をつけ、不快そうに記録している。「症状は他のどんな熱とも違う。目の周囲にあざができて、鼻血が出る病気だ」。

ラム酒はアメリカ独立戦争中のとある有名な出来事に直接かかわっている。1776年のクリスマス、ジョージ・ワシントンの部隊がデラウェア川を渡ってドイツ人傭兵部隊へシアンを急襲して捕らえたときのことだ。川を引き返すさい、予定よりかなり遅れた。ワシントンがヘシアンの保存していたラム酒をすべて廃棄するよう命じたにもかかわらず、兵士たちは飲んで酔っぱらい、大勢が船から落ちたからだ。この数日前、野営地で、建国の父ワシントンは兵士に向かってトマス・ペインの文章を読みあげていた――「今こそ人間の魂にとって試練の時である」〔『コモン・センス』「アメリカの危機」より引用。小松春雄訳。岩波書店〕。まさにこのとき、司令官自身の忍耐力が試されたのだろう。ワシントンはラム酒のもつ、士気を高める効果をたしかに理解していた。１７７７年３月にはヴァレーフォージの極寒を生き抜いた兵士全員に褒美としてラム酒を支給している。

イギリス人はアメリカ兵士の酒好きをからかって、こんな歌も作った。「まぬけなヤンキー、ロードアイランドに遠征」だ。

そう　まぬけなヤンキー　忘れてしまった
イギリスの開戦合図　ドラムの響き
何度あっただろう　震えて汗がしたたった
いまではラムで　まぬけなヤンキー

この戦いではどちら側の兵士もアルコールの支給を期待していた。ラム酒が手に入らないと士気が低下するため、補給係は供給不足を心配した。１７７７年４月、イギリス軍司令官ウィリアム・トライオンがコネチカットのダンベリーにある大陸軍の倉庫を急襲したとき、兵士にラム酒１２０樽を焼き払うよう命じた。兵士がとった行動は前述したワシントンのケースとまったく同じで勝手放題だった。ラム酒を飲めるだけ飲んでから、町全体を焼き尽くした。

１７８１年、アメリカ独立戦争が終わると、新たな国とカリブ海諸島のイギリス植民地との交易は10年以上絶たれ、蒸溜業者はスペインやフランスの島から輸入した糖蜜に頼った。アメリカ人は蒸溜酒を造りつづけ、国内市場は活気づいた。イギリス植民地から合法のラム酒が入ってこなかったうえ、フランスやスペインの植民地から入手するラム酒はたいてい国産品より質が悪かったからだ。

大統領ジョージ・ワシントンは公の席でマデイラワイン、ウイスキー、ラム酒をふるまった。妻マーサが考案したラム・パンチのレシピは本書の巻末に載せてある。ワシントンは退任後に妻とマウントヴァーノンに移り住み、蒸溜所を建ててウイスキーを造りはじめた。さらに、ラム酒を製造していた教養ある農夫と長年連絡をとりあい、製造技術にかんする情報を仕入れていた。

１７８１年から１７９０年にかけてはカリブ海の国ハイチで奴隷の反乱が勃発し、カリブ海諸島フランス植民地の商業を混乱させていたため、アメリカとフランス植民地の合法的な交易がピークに達した。反乱が成功すると、他の島々の奴隷もそれまでの空白を埋めるかのように抗《あらが》いはじめた。そのため、ハイチが独立を宣言したわずか1年後、スペイン人はキューバの奴隷制度を合法化した。自国のサトウキビプランテーションで必要な労働力を確保するためだった。

ナポレオン戦争がカリブ海諸島全域を混乱に陥れ、フランスの糖蜜貿易がみるみる崩れていくと、イギリス軍は遠征してフランス植民地の島を次々と奪取した。糖蜜が入手しづらくなったことに加え、アメリカが１８１２年戦争（米英戦争）に突入すると、ラム酒の価格はあがり、ニューイングランドの蒸溜所はますます競争力を失った。ラム酒産業は長い下降線をたどりはじめ、アメリカのウイスキーが人気を博すとさらにそのスピードは速まった。ニューイングランドではもはやラム酒の蒸溜はおもな仕事ではなくなっていたが、多くの企業が禁酒法時代まで存続した。マサチューセッツで最後となったラム酒製造会社フェルトン・アンド・サン・オブ・ボストンは１９８３年に看板を下ろし、２００年以上続いた伝統に幕を引いた。最近になってボストンにこの伝統あるブランドと名前がそっくりなクラフト（手造り）蒸溜所ができたが、もともとの会社とはなんの関係もない。

北アメリカにもうひとつ、最先端技術をもつ蒸溜所が残っていた。それも、サトウキビの栽培にはまったく適していない地域に。ニューファンドランドの漁師が１６００年代初期からタラを糖蜜と交換していたのだ。ニューファンドランド人はアルコール度数が高くて荒けずりでずっしりと重いラム酒、スクリーチを造った。カリブ海諸島のラム酒と同じ工程で

1932年、『フォーチュン』誌に掲載されたピルグリム・ラムのラベル。彼らピューリタンは陰気な信者として有名だった。たぶんこれがもっとも幸せそうな表情だろう。

造っても、とんでもない味になるため、洗剤でも混ぜているのだろうという噂が広まった。スクリーチという名前がついたのは第2次世界大戦中で、軽率なアメリカの海軍将校がタンブラーグラスを突き返したときキーッという音（スクリーチ）がしたかららしい。スクリーチはいまもニューファンドランドで販売されているが、近年ではそのほとんどが契約のもとジャマイカで造られている。

◉ラム酒と海賊

地道に努力すれば儲かる業界が現れるときまって、実際にコツコツ働きもせず、同じように金持ちになろうとする人が出てくるものだ。ラム酒は事実上、通貨の役割を果たすようになり、船乗りがあやふやな海図をたよりに、長い時間をかけて輸送していた。当然ながら、海賊や私掠船が積み荷を強奪しようと動きだした。襲われた船は激しく抵抗しなかったにちがいない。ラム酒の樽は船内の密閉された空間に積みあげられ、アルコールが蒸発していた。カリブ海の暑い気候ではちょっとした火花でも爆発するからだ。

ラム酒は帆船の荒々しい船乗りがつね日ごろ飲んでいる酒で、戦いや試練のまえにはきまって配られた。イギリスの海賊、黒ひげが1718年に書いた日誌が帆船アドヴェンチャ

1723年、イギリスの海賊エドワード・ロウは捕獲した船の船長に選択肢を与えた。自分たちの同類として一緒にラム・パンチを飲むか、撃たれるかだ。チャールズ・エルムズ著『海賊の書 *The Pirates Own Book*』（1837年）に掲載された木版画。

―号から見つかっており、これを読めば船上のようすがなによりもよくわかるだろう。

とんでもない日だ。ラムが切れた。どいつもこいつもしらふ。混乱してる！　悪事を企んでる。脱走を相談してる。そこで俺はごほうびを探して、酒をたんまり積んだ船を襲った。これでみんな熱くなる。かっかとほてってくるんだ。そうすりゃすべてがまたうまくいくのさ。

黒ひげは人を威嚇《いかく》するために火をつけたラム酒を飲んだそうだ。もしそれが本当なら、誰よりもしらふだったのだろう。アルコールのほとんどが飛んでいたのだから（黒ひげは火をつけた酒を飲む習慣を広めたようだ。彼の正気を疑うような逸話は数多くあり、これもそのひとつにすぎない）。噂によると、黒ひげはラム酒に火薬を混ぜて飲んでいた。どちらも同形の樽に入れて保管していたため、たまたまできた組み合わせらしい。

海賊の生活をうかがい知る記録は少ないが、皮肉なユーモアのセンスがあったこととラム酒に頼っていたことはどれも一致している。イギリスの海賊船船長トマス・アンスティスは捕らえた敵のにわか裁判を仕切ったとき、船乗りのひとりを「法務長官」に任命した。彼は検事も務め、まとまりのない粗末な弁論をおこなったあと、こう結論づけた。

閣下、本来ならもっときちんと論じるべきだったのですが、ごぞんじのとおりラム酒が切れておりまして。しらふでは良き法など語れません。ともあれ、閣下、被告を吊し首に処してくださいますよう。

本人が認めているとおりいい加減な弁論だが、案の定、被告は有罪となった。きっと、このあと海賊たちはラム酒でのどの渇きを潤したのだろう。アンスティスやいかさま裁判の話は煽情《せんじょう》的な新聞に掲載され、効果を狙って大げさに書かれたようだが、ラム酒と海賊のつながりを裏づける記録はほかにもたくさんある。

当時は粗末な海図や原始的な航海術をたよりに航行していたため、統率のとれた船でも危険は避けられなかった。そう考えると、けんか好きな飲んだくれが乗っている船の積み荷はまさに誰にとっても危険だった。酔っぱらった舵取りや船乗りが船を難破させたり座礁《ざしょう》させたりしたという記録もひとつやふたつではない。1669年にはイギリスの海賊ヘンリー・モーガンが旗艦を失っている。船内で祝い事をしていた船乗りたちが誤って火薬庫に火をつけてしまったのだ。

昔からけんか野郎の飲み物だとされてきたラム酒の悪評は、裁判所の記録や大衆紙のぞっとするような記事のおかげでさらに広まった。帆船ウィリアム号の船乗りは、1829年、海賊行為の罪で船長チャールズ・デラノとともに絞首刑になったが、彼の話によると、攻撃をしかけるまえにはかならず船長が部下を活気づけるために大量のラム酒を配っていたという。

多くの海賊がウィリアム号の船乗りと同じような運命をたどった。1830年にはカリブ海諸島の植民地を支配していた統治者たちが海賊を倒すために手を組んだ。各国の海軍が装備する銃や蒸気機関が発達したことにより、政府側が圧倒的に有利な立場を得たのだ。

◉船乗りと海軍のラム酒

こと飲酒に関しては、酒豪の海賊も法を守る市民も同類らしい。商船に乗っている水夫も、上司の目を盗んで積み荷のラム酒を盗み飲みしていた。船長はささいな盗みなら見て見ぬふりをした。あまり厳しい規律を設けると、経験豊富な水夫が次の港で降りてしまう。イギリスとフランスの商船船長は飲酒にはたいてい寛容で、かたやアメリカ人船長は厳しかったようだ。これにはビジネス上の理由があったのだろう。1850年代、アメリカの保険会社は船内での飲酒を禁じている船の船長に安い掛け金の保険を提供していた。だが、船が海上

こざっぱりとひげをそり落とした海賊がめずらしく役に立っている。『フォーチュン』誌の広告。1943年。

を航行しているあいだ保険会社の担当者は遠く離れた陸地にいたため、船長が安い掛け金を払っているのに船員が隠れていつもの1杯をひっかけているというケースもあった。

しらふとして認められる基準がどんなに甘くても、許される船乗りもいた。飲酒癖があるとみなされた者は、知らぬ港で降ろされた。こうした状況を映し出している船員用語がある。「ラム・ガッガー」(「ガッガー」は「ほら吹き」の意味)とは飲み代を稼ぐために海での試練を大げさに語るペテン師をさす。その他、ラム酒にかけた海事用語「ラメージ(rummage)」は密輸樽を見張る税関の臨検のことで、現在も捜索や検査の意味で一般に使われている。

やがて、ラム酒は商船や海賊船を経由してイギリス海軍へと伝わった。もともとイギリス海軍本部は船員たちにあえてブランデーを支給していたが、1655年、スペインからジャマイカを獲得するとラム酒が取って代わった。理由は明白だ。ブランデーは、スペインや当時信頼できない同盟国だったフランスなど、ヨーロッパから購入しなければならなかった。いっぽうラム酒はイギリス植民地で造らせていたからだ。植民地から購入すれば、ライバル国に代金が流れないうえ、政治とは関係なく確実な供給が可能となり、節約にもつながった。1730年、配給するラム酒は、アルコール度数80パーセント以上、1日半パイント(約0.3ミリリットル)が基準となり、のちに水か薄いビールが加えられたグロッグが誕生した。「グロッグ」の由来には諸説あるが、有力なのは、イギリス海軍提督エドワード・ヴァーノンのあだ名、オールド・グロッグだ。ヴァーノンは悪酔いを防ぐため、兵士に与えるラム酒を倍に薄めるよう命じた。のちに、何か月も樽に詰められていた水の臭いを消すためにレモンジュースやライムジュースも足すように指示した。当初、船乗りたちは、補給係が出し惜しみをしているといぶかり、グロッグの味を嫌ったが、まもなく、ラム酒をストレートで飲みつづけた他の船乗りたちよりはるかに健康であることがあきらかになった。実際、ジュースに含まれているビタミンCが壊血病にかかる確率を下げたのだ。当時、この点は知られていなかったが、他の海軍部隊もヴァーノンのグロッグをとりいれた。グロッグはますます薄められ、19世紀後半にはラム酒1に対して水とジュースが4になった。『船員用語集 *Sailor's Word-Book*』（1867年）にはさらに薄い「水6グロッグ」も載っている。酔っぱらいや怠け者に罰として与えた極薄ラム酒だ。

グロッグを作って配布するときの念入りな儀式も生まれた。甲板長にラム酒の樽棚の鍵を渡すとき、兵士の護衛とともにラム酒の樽を甲板に運んでくるとき、そして、水割りができあがって兵士が並ぶとき、各工程でラッパが奏でられた。水割りは「スカトルドバット（ゴシップ樽）」と呼ばれる蓋つきのハーフ樽で作った。おかしな名がついたのは、水割りをもらうために並んだ列で噂話が飛び交っていたからだ。やがて「スカトルドバット」は意味のない会話という意味で使われるようになった。

イギリス海軍ではラム酒の配給が毎日の儀式だった。特別な日には量が倍になった。『グラフィック』紙に掲載されたこの挿絵は、1897年、ヴィクトリア女王即位60周年を祝う水兵を描いている。

イギリス海軍でラム酒にまつわるいちばん有名なできごとといえば、ホレイショ・ネルソン提督の死だろう。ネルソンはトラファルガーの海戦で最後の最後にフランス人狙撃兵に射殺された。遺体は海に沈めず、イギリスで埋葬するためラム酒の樽で保管した。途中、多くの兵士がラム酒を盗み飲みしたため、到着したときは酒に漬かったネルソン以外、ほとんどからっぽだったそうだ。すぐさま海軍のラム酒には「ネルソンの血」という呼び名がつき、いまでも船員たちのあいだで広く使われている。

グロッグは1970年代までイギリス海軍で飲みつづけられた。以前は評判が悪かった酒も流れは変わっていた。きっかけは、1842年3月、ヴィクトリア女王がイギリス艦隊について示した見解だった。女王は平水夫と同じ樽から分けたグロッグを飲んだあと、好きな味だと明言し、兵士から不滅の名声を得たのだ。広く知られる歌によると、女王は少数派だったようだ。まちがいなく当時のものとされる海の労働歌では、ラム酒よりもウイスキーやビールが好まれている。態度がはっきりしない歌だが、「ウイスキー・ジョニー」「ジョニーは船乗りの総称」を紹介しよう。

船乗りはウイスキーが好き　船長はラムが好き
ウイスキーだ！　ジョニー！

どっちもないが　おれたちはどっちも好き
おれにはウイスキーだ！　ジョニー！

積み荷から酒を拝借することをじつに熱く歌った労働歌もある。

勇者オールド・ストーミーの息子ならよかったのに
そしたら　巨大な船を造るのに
ジャマイカ産ラムをいっぱい積んで
飲むのさ　老いた船乗りみんなで

労働歌「サリー・ブラウン」にもラム酒が出てくる。西インド諸島らしいリズムで地元の女性を称えたる歌だ。

サリー・ブラウン　素敵な混血
ヘイ！　ヘイ！　陽気にいこう！
彼女はラムを飲み　タバコをかむ

金はサリー・ブラウンに使うんだ

最後の行から、サリー・ブラウンの愛が交渉次第で買えること、そして、彼女はけっして淑女ではないことがわかる。船乗りが綺麗なイギリス人女性の代わりにラム酒を飲みタバコをかむ混血の売春婦を買うなど、当時はかなりの驚きだった。

ラム酒と海の冒険談はのちに称賛され、アメリカの禁酒法時代には空想物語として色づけられたが、18~19世紀、イギリスが大西洋とカリブ海の貿易でラム酒を選んだのは経済的かつ実際的な理由からだった。

アメリカ人はアルコールを商船で海上輸送することにかなり用心深かった。アメリカ海軍はグロッグが誕生した当初から1862年9月1日まで、ラム酒で造ったグロッグやウイスキーを支給していた。同年8月31日、支給最終日前日、アメリカ軍艦ポーツマスに乗っていたキャスパー・シェンクという名の将校が『グロッグよ、さらば』という歌を作っている。『主人よ、なみなみとついでくれ Landlord, Fill The Flowing Bowl』の曲に合わせ、ラム・パンチを歌った愉快な曲だ。一節を紹介しよう。

食事をともにする仲間たちよ　ボトルを回せ

楽しい時間は短い
もうグロッグが飲めなくなる
気持ちもなえる
9月1日

今夜は楽しくすごそう　楽しく
今夜は楽しくすごそう　楽しく
今夜は楽しくすごそう　楽しく
明日はしらふだ

ジャックの幸せな日々はもうすぐ終わる
もういちど　いや二度とこない！
日当は5セントあげてくれた
だが　グロッグはもう飲めない

アメリカ南部連合海軍はその後二度とグロッグを作ることはなく、南北戦争中はカリブ海諸島のラム酒密輸業者を可能なかぎり阻止した。ラム酒密輸船は南部連合の将校を激怒させた。船長のほとんどはイギリス人で、利益にしか関心がなく、本当に必要な軍需品の代わりにラム酒、シルク、贅沢品を運びつづけた。カリブ海諸島のイギリス植民地は、南部連合の北部猛撃のおかげで景気が下落し、巧みにもぐりこんだ密輸業者はラム酒を安く仕入れて莫大な利益を得ていた。戦争が終わっても、カリブ海諸島の農園主や蒸溜業者は安心できなかった。アメリカに平和が訪れても南部の経済はずたずたで、輸入量が以前と比べて激減したからだ。

第4章◉世界のラム酒

ラム酒は糖蜜から造る。それがわかれば、実際に造ることはそう難しくない。良質のラム酒は再蒸溜して熟成させるのでまた別の話になるが、アルコール度数が高く品質のよさを求めないのであればかなり簡単だ。砂糖の精製所はどこも、精製のあとにラム酒を蒸溜していた。また、砂糖の精製時には必ず出る糖蜜は輸送が可能なので、遠くの地で売ることもできた。このように、頑丈な品種のサトウキビさえ育たない気候の地域でもラム酒を造ることができた。

◉オーストラリアのラム酒と反乱

サトウキビがオーストラリアにもちこまれたのは、1787年、イギリスから初期入植者の船団が到着したときだった。ラム酒とウイスキーは、1793年、蒸溜器がはじめて導入されてすぐ生産されるようになったが、長年、ほとんどのラム酒は輸入品か輸入した糖蜜で造っていた。オーストラリアも南北アメリカのイギリス植民地と同じように鋳造貨幣が不足していたため、事実上、ラム酒は通貨の役割をもつようになった。

オーストラリアが海賊行為におよぶことはほとんどなかったが、入植者はたちまち大規模な組織犯罪に手を染めるようになった。オーストラリアに流刑となった罪人の輸送を監督していたニューサウスウェールズ軍団［イギリス陸軍の連隊のひとつ］は、囚人に負けず劣らず荒々しい船乗りだった。オーストラリアは人気のない赴任地だったため、イギリス軍はいちばんできの悪い部隊を派遣していたのだ。なかには、オーストラリアに赴任するという条件で軍刑務所から仮釈放される兵士もいた。ニューサウスウェールズ軍団はすぐにラム酒軍団とあだ名されるようになり、軍のコネを使って儲けるだけ儲けた。軍団が仕切っていたラム酒とウイスキーの値上げ率は2000パーセントにもおよび、不法に暴利をむさぼった。おまけに、違法なラム酒売買で逮捕された仕官に総督が懲罰を与えても、事態が厄介になるだけだった。じつのところ、同僚の仕官ひとりをのぞき、みな同じことをしていたのだ。そのため、内部から陪審員を出すこともできなかった。また、ほとんどの農園がウイスキー用の小麦やラム酒用の砂糖を栽培していたため、収穫の当たり年でさえ食料は不足した。

1808年、ラム酒の反乱が勃発した。この破損している当時の水彩画は、ベッドの下に隠れた総督ブライが見つかった場面。描いたのは反乱軍のひとりだといわれている。

歴代のニューサウスウェールズ州総督たちは身勝手な部隊に手を焼いていたが、1805年、イギリス政府は人事に秀でた人物を起用した。海軍士官ウィリアム・ブライだ。ブライは武装船バウンティ号を指揮し、艦長に対する暴動が発生し、目的地には到着しなかった。2度目となる軍艦プロヴィデンス号での任務も成功とはいえなかった。このときも乗組員が反乱を起こしたのだ。オーストラリアへ向かう途中、もう1隻の軍艦の船長ジョゼフ・ショートとブライは艦隊のリーダーの座をめぐって争い、ついにショートがブライの船のへさきに向けて発砲した。ブライは部下にショートの船に乗り移って彼を捕らえるよう命じ、彼らは指示に従った。ブライは幸せで陽気な雰囲気のなか、オーストラリアに到着し、ラム酒軍団を訓練した。

ブライには分別があったが、人の神経を逆なでするような態度をとった。将校に対して違法なラム酒売買を禁じたため、1年もたたぬうちに将校が結束して暴動を起こし、ブライを解任した。ラム酒の反乱だ。ブライは職を奪われ、ラム酒軍団のリーダーがいったん総督になったが、まもなく本国より新たに行政官ジョゼフ・フォヴォウが派遣された。ラム酒軍団の将校たちは、当初、フォヴォウはいいなりのまぬけだと思っていたかもしれない。しかし、この新参者は敏腕で有能な、政治にも精通した、はじめての民間行政官だった。

解任させられた元総督ブライは1808年のあいだ軟禁され、ようやく、イギリスへ戻るという条件つきで乗船を許された。ブライはこの約束を破ってタスマニアに向かい、地位をとり戻すべく部隊を編成しようと試みた。だが、彼の嫌な予感はこのときも当たった。タスマニアの統治者は援助を拒み、ブライを2年にわたり港に停めた彼の船に監禁したのだ。結局、ロンドンの植民地政府が妙案を出して事を収めた。ブライをシドニーに戻し、1日間、形だけ総督に復職させ、それからロンドンに向かわせた。まもなくラム酒軍団も召還された。新たな部隊が交代で任務につき、ラム酒、軍部、違法販売のつながりは絶ち切られた。ブライは海軍少将に昇進したが、指揮する戦艦は与えらず、その後はとくに大きなできごともなく軍務を終えた。彼の業績は3種のラム酒として永遠に残ることになった。バウンティはフ

ＳＳウォルラスの写真。オーストラリアの検査官から逃れるために考案された、水に浮かぶ蒸溜所。1870年頃。

イジーとセントルシアで造られ、キャプテン・ブライはセントヴィンセント島で絶賛されている。だが、バウンティ号の一件やオーストラリアで起こったラム酒の反乱を考えると、ブライはこれを敬意の印だとは受けとらないだろう。

オーストラリアで合法的なラム酒の商業生産がはじまったのは１８２３年だが、規模が拡大されたのは、１８６０年代、クイーンズランドの広大な地域でサトウキビが栽培されるようになってからだ。政府はラム酒を徹底的に規制し、高い税金をかけた。するとると、冒険心に富んだ無法者、地元の有名人ジェームズ・スチュアート、

ビーンレイ蒸溜所は、1921年、オーストラリアの新聞各紙にこの広告を掲載した。

別名「ボスン・ビル」が巧妙な手口を編みだした。水に浮かぶサトウキビ圧搾機と蒸溜器、SSウォルラス［「SS」は「外車汽船」の意味］を完成させ、クイーンズランドの川をあちこち移動させたのだ。これなら検査官を容易にかわしてひそかに大量のラム酒を造り、税金を免れることもできた。数年後、彼はこのビジネスから退き、船上の蒸溜器を地元の起業家に売却した。その人物こそビーンレイ・ラム酒蒸溜所の創設者であり、同社はいまも操業している。長年、ビーンレイが販売するラム酒のラベルには、船乗りの帽子をかぶった笑顔の男が描かれていた。このキャラクターの名はボスン・ビルだ。

◉インドとアジアのラム酒

　ラム酒の蒸溜は、サトウキビから砂糖を作りはじめたインドでもおこなわれるようになった。インドにおけるラム酒の誕生を解説するのは難しい。というのも、相当数の飲み物が不注意にも同じアラックという名で呼ばれていたからだ。現在、アラックといえばパームシュガー（ヤシ糖）から造った蒸溜酒をさすが、1660年代、インドを訪れたフランス人医師のフランソワ・ベルニエは無精製の砂糖から造った飲み物を「オー・ド・ヴィ・ドゥ・シュクル（砂糖で造った命の水）」として記録している。これはラム酒としか考えられないが、いまとなってはなにもわからない。貴族だけが読み書きできる社会にありがちなパターンで、商人階級にかかわる詳細な記録は部外者にゆだねられるため情報が正しく伝わらないのだ。

　ラム酒が植民地時代のインドで広く造られていたことははっきりわかっている。はじめて商業レベルの蒸溜所を創設したのは、1805年、軍部に供給するためカーンプルで創業したカリュー社だった。オーストラリアでサトウキビが栽培されるまで、インドはカルカッタ（現コルカタ）から輸送されるラム酒で需要を満たし、海軍はアフリカやアジアにあるイギリス軍基地の支給品に頼っていた。インドに蒸溜所ができてから生産量は急増したが、数十年間、地元の製造業者は西インド諸島から輸入する砂糖やラム酒を優遇した差別的な関税に直面していた。関税が高いということは、つまり、違法にもかかわらず多くのラム酒が近隣国へ密輸されていたということだ。

イギリス軍のために造るラム酒と地元民が消費するラム酒にはあきらかな違いがあった。国際的な基準に合わせて砂糖から蒸溜するラム酒は、通例、ＩＭＦＬ（インド産の外国酒）と呼ばれた。「カントリーラム」や「アラック」は原料を醱酵させて造るアルコール飲料をさす地元の俗語で、こうした酒の原料には、パームシュガー、糖蜜、その他さまざまなフラワーエッセンスが含まれていた。

イギリス人はラム酒を飲めばコレラを予防できると信じていて、１８２０年代、禁酒賛成派の兵士は配給分を飲まないと実際に罰せられた。また、宗教的な信条による緊張も生じた。インドにいたイスラム教徒の召使や当番兵は、将校の食事の際にラム酒に触れることをいやがり、多くのヒンドゥー教徒は精神を堕落させる酒をインド社会にもちこんだとしてイギリス人に憤慨した。あるとき、売春婦が、廃棄されたラム酒の巨大樽で商売に精を出していることが発覚した。ラム酒は社会に悪影響を与えると考えている人からすれば、恐ろしい悪夢が現実となったのだ。

ラム酒はビルマ（現ミャンマー）やその他アジアのイギリス植民地で小規模ながら製造され、アフリカの東部と南部でも蒸溜がおこなわれていた。モーリシャスでも造られていたが、

アジア産ラム酒3種。左から、モーリシャスのスター・ラム、タイのメコン・ウイスキー、インドのオールド・モンク。

18～19世紀は質の悪さが有名だった。議会での喚問で外務大臣が「粗悪で有害」な飲み物だと述べたほどだ。

19世紀初頭、イギリスがハワイの所有権を主張していたころ、ラム酒はこの島にももたらされた。国王カメハメハ1世がとても気に入り、地元で造るよう命令を出している。ハワイ人は昔からティーという植物の甘い根を原料に一種のビールを造っていて、蒸溜器が紹介されると、ラム酒を造りながら地元の酒も蒸溜するようになった。当時、ハワイ人はふたつの筒が一部くっついたような変わった形の古い釜を使っていた。船内の保管庫にぴたりと収まる形なのだ。ハワイ人はこの釜をオコレハオ（鉄の尻）と呼び、現在はティーの葉、糖蜜、パイナップルジュースから作る飲み物の通称にもなっている。また、この釜で造っていたへ

多くの会社が南太平洋の魅力を利用して儲けようとした。写真のラベルにはグランド・ラム・ハワイと書かれているが、フランス植民地で造ったラム酒をフランスでビン詰めしている。

ビーなダーク・ラムは捕鯨船の船乗りに評判がよく、やがてハワイアン・カクテルの特徴的な味となった。

島の統治者のなかには、カメハメハと違ってラム酒を好まない者もいた。マダガスカルでは飲んだくれの船乗りが手に負えなかったため、それを目のあたりにした当時の政府はイギリスからの圧力をはねのけラム酒の輸入を禁止した。宰相ライニライアリヴニは記憶に残る不平を残している。「宣教師と聖書が乗っている甲板の下にラム酒が積みこまれているとは。外国人は歓迎するが、ラム酒のボトルは1本たりともお断りだ」。しかし、宰相の抗議は無駄に終わった。数年もしないうちにマダガスカルでサトウキビが栽培されはじめ、ラム酒が蒸溜されるようになったのだ。

南アジアで唯一、イギリスやフランスに征服されなかったのはタイだった。タイには16世紀にヨーロッパ人商人がラム酒をもちこみ、1830年にはラオカーオ（白い酒）という蒸溜酒を開発していた。ラオカーオは醱酵させたサトウキビジュース、糖蜜、コメ、ハーブをまぜあわせた酒だ。タイの蒸溜業者にとって、製品の品質管理と規格化という概念はまったくなじみがなかったため、良質のラム酒が製造されたのは20世紀に入ってからだった。

◉スペイン植民地とポルトガル植民地のラム酒

いっぽう、ラム酒が誕生した地ブラジルではカシャッサを造りつづけていた。だが、質の改善は不安定で、スピードもゆっくりだった。ナポレオン戦争中、リオデジャネイロに追放されていたポルトガル人君主が統治をはじめると、カシャッサの製造は禁止されたが、1821年、ふたたび合法となった。1829年、医師ロバート・ウォルシュはカシャッサを「質の悪いラム酒でかなり安価なうえ入手しやすいので、外国人、とくに船乗りがあおり、重度の中毒になる」と述べている。また、「最近は蒸溜業者が質の向上を試みており、いくどもの実験を経て良質のラム酒が誕生している」とも指摘した。ウォルシュはカシャッサについて記録を残したはじめての外国人で、この10年後、サミュエル・モアウッドは「召使が強壮薬としてカシャッサに塩を加えて飲んだところ、効果があったようだ」と記している。当時はまだ精製もせず、製法は粗雑だった。通例、蒸溜器は銅製、熟成には木樽を使っていたが、ブラジル人はどちらにも土製の釜を用いていた。

19世紀、ブラジルについて書き残したいちばん有名な外国人はイギリス人のリチャード・フランシス・バートンだ。彼はカシャッサをいろいろと試し、大嫌いになった。著書『ブラジル高地の探検 *Explorations of the Highlands of Brazil*』（1869年）でカシャッサを「廃糖蜜と黒砂糖の液から蒸溜した酒」と表現し、「銅と煙の味がする。グレンリベット［スコットランドの老舗蒸溜所］が造る酒とは違う」としている。彼は2種類の酒を解説した。ひとつはカイエンヌのサトウキビで造った一般的な酒、もうひとつはマデイラ諸島のサトウキビから造ったクレオリーニア、別名ブランキーニャ（「透明」の意味）だ。この2種についてはこう述べている。

はじめて口にする人にはなじみにくい味だが、親しんでくると、アルコールによる震えや幻覚、早死にを求めて飲むようになるだろう。合法的な用途としては、日焼けしたあと風呂に入れたり、虫刺されの不快感を緩和したりする。

また、バートンは飼っていたマスティフの子犬を酔わせようとしてこの酒を飲ませた。すると、夜、いびきをかかなくなったそうだ。

バートンはカシャッサ（別名カニーニャ）を再蒸溜したレスティーロにかんしては厳しい評価はせず、おどけて「ブラジルのワイン」と呼んだ。不快な臭いがしなかったからだそうだ（バートンはレスティーロを糖蜜で造った蒸溜酒だと書いているが、その直前の文章で、原料はサトウキビジュースだと説明している。混乱したのか、あるいは、実際にブラジル人がどちらも造っていたのかはわからない）。バートンが探検したさいに捕まえたヘビをレスティーロに漬けたところ、ヘビの色が変わったという。また、3回蒸溜するラヴァドー（「洗浄」の意味）については、かなり純度が高いため空中に撒いたら落ちるまえにほとんど蒸発してしまうだろうと述べている。

バートンは関連のある俗語ふたつについても記録した。ひとつは「カシャッサーダ」で、文字通りの意味は「カシャッサを飲んだら起こること」だ。ようするに、酔っぱらいのけんかである。もうひとつの「ピンガ」はラム酒をさす俗語で「しずく」を意味する。とうに使われなくなった粗雑な蒸溜器でアルコールをぽたぽたと落とすイメージは、ブラジル人が世界に追いつこうとしてもまったくおよばなかった状況をなによりわかりやすく表しているといえよう。

スペイン植民地キューバにはサトウキビの栽培に理想的な気候と土壌をもつ地域があったが、禁止令と重苦しいスペインの官僚制度が経済を沈滞させつづけていた。キューバ産のラム酒は濁っていていやな臭いがすることで有名だったが、ファクンド・バカルディという意欲的なワイン商人が改良に興味を示した。炭で濾過し、オーク材の樽で熟成させる試験をいくどとなく繰り返した結果、それまでキューバで製造されていたどんなラム酒とも違う、純度の高い澄んだ蒸溜酒を完成させ、1862年に販売を開始した。

ブラジルのレブロンでカシャッサを造っているアランビック蒸溜器。伝統的な銅製で、現在も使用されている。

蒸溜所は労働者の暴動に備えて、要塞さながらに建てられることが多かった。オランダ領アンティルにあるセント・ジェームズ・ラム酒蒸溜所もその一例だ。

もともと商人だったバカルディはブランド化の重要性を理解していた。そして、タイノ族の伝承に出てくるコウモリの絵をシンボルに採用し、これはいまでもラム酒業界を代表する商標でありつづけている。起業家が巧みに動かしている世界でバカルディは順調に成功を収めるはずだったが、スペイン帝国が支配する、カリブ海諸島最後の主要植民地は崩壊寸前だった。奴隷の反乱（奴隷制度は1886年まで廃止されなかった）、通商停止、その他の激動が原因となり、30年にわたってビジネスは不安定だった。バカルディが最初に興したラム酒製造会社は倒産した。息子で後継者のエミリオは反乱を支持した疑いで何度も投獄されたが、彼の献身的な姿勢のおかげで会社は息を吹き返した。1898年、アメリカ・スペイン戦争が幕を閉じてようやく、バカルディ社は政治に邪魔されずラム酒造りに専念できるようになり、失った時間を埋めたのだった。

●ラム酒ではないラム酒

19世紀、私たちが知るラム酒とは違う酒が2種類、登場した。ひとつはオーストリアのシュトローラムに代表される「インランダー・ラム」、そしてもうひとつは「ベイ・ラム」だ。

インランダー・ラムは熱帯気候の植民地をもたない国がラム酒の人気に応えて造ったため、

原料はサトウキビではない。1820年頃、オーストリアの都市クレムスで薬剤師が考案した酒で、穀物酒、ビートシュガー（甜菜糖）から造ったカラメル、ハーブを混ぜ、ラム酒の味に近づけた。1832年、セバスチャン・シュトローがクラーゲンフルトでこの混成蒸溜酒を自分流の味で製造しはじめ、またたくまに市場を独占した。インランダー・ラムはラム酒と紅茶で作るホットトディに欠かせない材料となり、フォイヤーツァンゲンボウレ（火ばさみ鉢）という火をつけるカクテルにも用いられた。このカクテルを作るのには手間がかかる。まず、角砂糖をインランダー・ラムに浸す。この角砂糖を、温めておいた赤ワインの上にセットして火をつけると、溶けた砂糖が滴ってワインに溶けこんでいく。フォイヤーツァンゲンボウレはいまでもドイツの男子学生の社交クラブで伝統的なカクテルとして受け継がれているが、1995年以降は糖蜜で造ったラム酒を使っている。だが、いまもシュトロー社はじめ他のメーカーもオリジナルの味を変えぬよう工夫して製造している。偽物に近づけようとしているまれな事例だ。

ベイ・ラムの味をまねしようとする者はいない。飲料用ではないからだ。ベイ・ラムはカリブ海のセントジョン島で誕生した。ローズマリーや月桂樹の葉をラム酒に浸したもので、アフターシェーブローションや制汗剤として使われている。香りはいいが、味はひどい。かつては大学でのお祭り騒ぎに登場したらしく、新入生にベイ・ラムを飲ませ、ゲーゲー吐くのを見て楽しんだようだ。ここで紹介しておけば、同じ罠にかかって気持ち悪くなる読者はいないだろう。

1950年代から整髪料として使われているベイ・ラムのボトル。どんなにのどが渇いていても、けっして飲まないように。

◉ラム酒、戦争、探求

イギリス海軍がラム酒の配給制度をとりいれると、他の軍隊もすぐさま前例に倣《なら》った。ナポレオン戦争時、フランスによるイギリスの封鎖は大陸からのワインとブランデーの流れを完全には遮断しなかったが、軍部への配給を密輸に頼ったことはあきらかにまちがっていた。ラム酒はたちまち兵士たちをとりこにし、イギリス軍の生活に深く浸透していった。ある年代記編者が指摘したとおり、ラム酒には魔力があった。1812年、東インドのベンガル隊に着任した将校シータ・ラムは自伝にこう記している。

配給されたラム酒には不死の妙薬が入っているはずだ。瀕死の兵士たちにラム酒をいくらか飲ませたところ、みな息を吹き返した。とにかく、なにか尋常ではないものを感じる。ヨーロッパの兵士は酒を崇め、命をかけ、そして、手に入れようとして命を落とすことさえあるのだ。

入隊した兵士はひとり1日につき3分の1パイント（約200ミリリットル）を支給された。酒を確実に支給することは兵士の士気を保つために欠かせない要素だった。ウェリントン公爵が述べたように、「志願兵は立派な軍人魂を称えられるが、とんでもない。私生児を作ったり、軽犯罪をおかしたりして入隊する者もいるし、志願するなによりの理由は酒がほしいからである」。兵士はタバコも支給された。タバコもラム酒と同様、健康に良いとされていたのだ。当時の配給係が書いた半島戦争［1808～1814年。ナポレオン戦争の一部］の記録のなかに次のような詩がある。連隊付きの医師は患者に、現代ならありえない処方箋を書いていた。

ヨハン・ランベルク作のエッチング。1798年。からになったラム酒の樽の横に刀を放り投げ、地元の女性といちゃつく将校。背後では部下たちが飲み騒いでいる。戦いに興じているのはのら犬だけだ。

「さあ」と医師はいう 「ラムとタバコだ」
こうして戦いつづけるんだ
ほら 吸いなさい 気分がよくなる
地元のワイン（ラム）もお試しあれ 血を冷やしてくれる

もしこの詩が大げさだったとしても、まったくの嘘ではないだろう。1805年、セイロンで従軍したあと、王立アイルランド連隊のロバート・パーシヴァル大尉はこう書いている。

アラック（蒸溜酒）を大量に飲み、タバコをたくさん吸えば、空気や水による悪影響を緩和することができる。いっぽう、地元民は禁欲的に暮らし、ほとんどの人が、あるいは誰も、肉を食べず、水以外の飲み物を飲まない。そのため、衰弱しきった状態で捕虜になれば、抵抗する力もなく犠牲になってしまうのだ。

パーシヴァルと部下は輸入できるかぎり西インド諸島のラム酒を飲んでいたが、ときにはオランダ人の起業家が地元で造った粗悪なラム酒を買わざるを得なかった。

長年、ラム酒は健康に良いと考えられていた。ジャマイカのコルバ・ラムを宣伝するこのドイツ語のポスターは、ラム酒は体を温めてくれると謳っている。1930年代。

配給量が足りなくなった場合、将校は地元の製造業者からラム酒を買った。たいていは自腹を切っていた。政府には代金の請求書とともに、地元のラム酒はつねに質が悪くて高いという苦情が届いた。ときおり、こうしたラム酒には毒性さえあった。たとえば、マリーガラント島にいた全駐屯兵がラム酒を飲んで活動不能になった。原因は蒸溜器だった。鉛管をはんだづけした粗悪品だったのだ。イギリス人兵士がアルコールを大量に消費して、唯一、よかったことといえば、政府の配給部が品質とアルコール度数にかんして規制を作ろうと試験的に動きだした点だった。

ナポレオン戦争は、熱帯地方の砂糖生産に長期にわたる影響ももたらした。フランス人はカリブ海諸島のサトウキビを入手できなくなったため、代用品を探した。1812年、バンジャマン・ドゥルセールはビートシュガーから砂糖を抽出する実質的な方法を考案し、商業化を可能にした。ヨーロッパで栽培できる作物から砂糖を生産するため、主要市場に輸送するコストが抑えられる。つまり、カリブ海諸島の砂糖にはじめてライバルが出現したのだ。1855年には世界中の砂糖の価格が、過剰生産とビートシュガーの誕生により急落していた。ビートシュガーはラム酒の製造には使えない。副産物として硫化物が出るため、蒸溜するさいにきつい臭いがついてしまうのだ。そこでサトウキビの栽培者はすぐに悟った。ラム酒はますます重要な収入源になる。

デメララ・ラムは風邪や悪寒に効く治療薬として宣伝されていた。ラベルには、南アメリカのイギリス植民地で働くアフリカ人奴隷を称えつつも、人種差別用語［黒んぼ］をちらつかせている。

ラム酒を改良してどこより成功を収めたのは、現在のガイアナ共和国の農園主だった。デメララで造られるデメララ・ラムはナポレオン戦争勃発当初は質が悪いとみなされていたが、蒸溜業者組合は品質向上のために技術者を雇った。彼らの努力にかんして正確な記録は残っていないし、もしかしたら単に製造施設を清潔にしただけかもしれないが、事実、品質は格段に向上した。植民地の利益と生産性は、１８０７年に『デメララへの旅 *A Voyage To The Demerary*』という本が出版されたことにより高まった。著者ヘンリー・ボリングブルックはデメララ地区の牧歌的な自然、砂糖の品質、無限の商業的チャンスについて熱く語った。ガイアナの奴隷についてでは、イギリス海軍の船乗りより待遇がよく幸せな環境にあると述べた。奴隷が陽気で満足しているという彼の印象は、ちょうど10年後に奴隷が集団で反乱を起こしたことを考えると矛盾するが、砂糖とラム酒の評価は正しかった。

また、１８３８年にサミュエル・モアウッドはこう記した。

植民地デメララで製造するラム酒は最高級だ。おかげで、カリブ海諸島のラム酒は需要が減っていると思われる。デメララでの蒸溜は専門家たちの根気と技術が支えており、完璧の域に達した。彼らは、イギリスにおけるジャマイカ産ラム酒のように、デメララとエキセボ産のラム酒をアメリカ市場で大量販売することに成功したのである。

アメリカの南北戦争はこうした貿易を崩壊させ、戦争が終わってもアメリカが輸入するラム酒の量は減るいっぽうだった。禁酒運動の支持者が増加し、都市も町もアルコールの販売禁止令や厳しい規制を試験的に導入しはじめていたのだ。

第5章◉ラム酒の衰退と再起

◉禁酒運動

禁酒運動が起こりはじめたのは1800年頃のイギリスだった。ただ、アルコールの廃止を推奨するのではなく、飲酒量の減少あるいは節酒を促すものだった。やがてアメリカでの運動が過激になるにつれ、アルコールの販売を禁止する動きも熱を帯びてきた。1851年6月、禁酒運動はその成果をはじめて形にし、まもなく市民に災難がふりかかった。アメリカのメイン州が医療および産業用のアルコール以外、売買を禁止したのだ。この法を先頭に立って導いたのが、自身を「禁酒運動のナポレオン」と呼んだポートランド市長ニール・S・ダウだった。それから4年以内に、他の10州と多くの都市や郡が酒類の販売を禁止し、ダウは国政における地位を手に入れるだろうと思われた。だが、その勢いは失われてしまう。彼が個人的に手配していたアルコールの輸送に対して捜査令状が発行されたのだ。本人が主張していたとおり、このアルコールはほぼまちがいなく医療用だったが、憤慨した暴徒がダウを偽善者だと糾弾し、彼の所有物に石を投げつけた。これがきっかけとなって、ポートランド市ラム酒暴動が勃発した。事態を収めるために軍隊が出動し、群衆に向けて発砲したため、男性ひとりが死亡、7人が負傷した。この暴動はメイン州の禁酒運動にダメージを与え、1856年、禁酒法は撤回された。そしてダウは北軍の大佐、国立禁酒協会および出版社の創始者、禁酒党の大統領候補となった［大統領選は落選］。

引退するころには世間から風変わりな道化師とみなされていたが、ダウが擁護した運動は政治のみならず文化にも影響を与えた。コロラド州グリーリーのような禁酒を重んじる新しい町が誕生し、オハイオ州では禁酒運動が広まって永遠にアルコールを禁止する条例が制定された。共和党寄りの新聞は禁酒ソングの歌詞を掲載した。その多くがラム酒をののしっている。おそらく、ウイスキーよりも韻を踏みやすかったからだろう。それに当時は、ウイスキーのほうが好まれていたという事実もある。代表的な歌には、1870年頃、『ボルチモア・サン』紙にも掲載された「父は大酒飲み、母は死んだ Father's Drunkard Mother is Dead」がある。この歌詞は不滅だ。

家族みんな幸せだった　父がラム酒を飲むまでは
それからだ　悲しみと苦悩の日々がはじまったのは
母は青白い顔をして　毎日泣いて
赤ん坊と私はお腹がへって　遊ぶこともできなくて
しだいにみんなやせ衰え　ある夏の晩だった
愛しい顔が　静かに白くなった
大粒の涙がぽたりとこぼれ　私は叫んだ
父は大酒飲み　母は死んだ

トーマス・エジソンが発明したシリンダー蓄音機時代にこの歌が何度か録音されている。驚いたことに、曲調はとても明るい。だが、もうひとつの歌「酒を飲んだ唇で私の唇に触れないで Lips That Touch Liquor Shall Never Touch Mine」は趣がちがう。大流行したこの歌には少なくとも歌詞が2種類ある。ひとつは、いいよってきた酔っぱらいを拒否する、おとなしい娘の心情を巧みに表している。もうひとつは、アルコール反対運動を展開するために入隊を呼びかける歌詞だ。禁酒運動を支持する好戦的な活動家の特徴をよくとらえている。

戦争をスローガンにしよう　東海岸から西海岸まで
軍隊がラム酒で堕落しなくなるまで
自分の旗にきざもう　輝く文字で
酒を飲んだ唇で　私の唇に触れないで

デーモン・ラムはあらゆる酒をまとめた言葉で、酒におぼれる人は「ラミー」と呼ばれるようになった。

１８３５年、「禁酒運動」の文字が新聞の見出しを飾った。発端は、ジョージ・チーヴァーというマサチューセッツ州の牧師が『ディーコン・ジャイルズ蒸溜所 *Deacon Giles' Distillery*』という詩を出版したことだった。主人公は、週末は牧師を務めているが、ふだんはラム酒を製造して生計を立てている男だ。この詩では、労働者が帰宅したあと悪魔が蒸溜所を動かし、世界中の悪を製造する。東部の港町セイラムの住民はみな、ジョン・ストーンを描いた風刺だと受け止めた。ジョン・ストーンは実際に蒸溜所を所有するユニテリアン派の牧師だった。ストーンを支持する暴徒が出版社を攻撃し、チーヴァーは文書による名誉棄損で投獄されたが、全国禁酒運動のリーダーとなり、彼の詩は創意に富む不気味な挿絵ととも

禁酒運動の勢いは、すぐさまラム酒と悪魔を結びつけた。この絵では悪魔が蒸溜所を操業している。1835年。

に各地に広まった。

ラム酒は有名なスローガンでもアルコールから得る利益の象徴として使われ、1884年の大統領選共和党候補ジェームズ・G・ブレインの運命を決定づけた。選挙活動でブレインのために演説していた牧師が激しく非難したのだ――ライバルの民主党候補グローバー・クリーヴランドを支持する南部とカトリックによる支援が、民主党を「ラム酒、カトリック教徒、反乱者」の集まりにしたのだ、と。その場にいたブレインは些細な発言だと聞き流した。しかし、これを新聞で読んだ国民は耐えられず、ブレインを敵とみなした。彼は唯一、1860年から1912年のあいだで大統領選挙に落選した共和党の非現職候補者だった。こうしたつまずきがネックとなり、20世紀を迎えてからの禁酒運動は成功と失敗の両側面をもつことになった。

◉ラム酒密輸業者とティキバー

20世紀前半、アルコール飲料の販売が禁じられていた地域がある。ソ連、ハンガリー、アイスランド、ノルウェー、フィンランド、カナダの数州、オーストラリアのキャンベラ周辺の首都特別地域だ。こうした禁止法の多くは失敗だと判断され、廃止となったが、アメリカは1920年に禁酒法を制定し、理想的な社会を築く実験に着手した。そこまでに長い時間が流れていた。禁酒法はすでに1917年に提案されており、一般市民は酒を大量に貯蔵しておく時間がじゅうぶんにあった。犯罪組織にも準備する余裕がたっぷりあり、今後に向け、警察よりもはるかに用意周到だった。

もはや「ラム酒」はあらゆる酒をひっくるめた言葉になっていたため、報道機関はすぐさま新しい合成語を生みだした。小型船で不法取引を画策する者は、運ぶ酒がウイスキーでもジンでも「ラム・ランナー（密売人）」と呼ばれた。約5キロの領海を越えて移動する大型船は「ラム・ソー（鋳型）」だ。密輸船の艦隊は「ラム・フリート（艦隊）」や「ラム・ロー（船隊）」といわれ、これらの積み荷を略奪する船は当然ながら「ラム・パイレーツ（海賊）」といわれた。1927年、最高裁判所長官ウィリアム・ハワード・タフトはこのような船をまとめて「ラム（厄介事）満載船」と表現したが、定着しなかった。

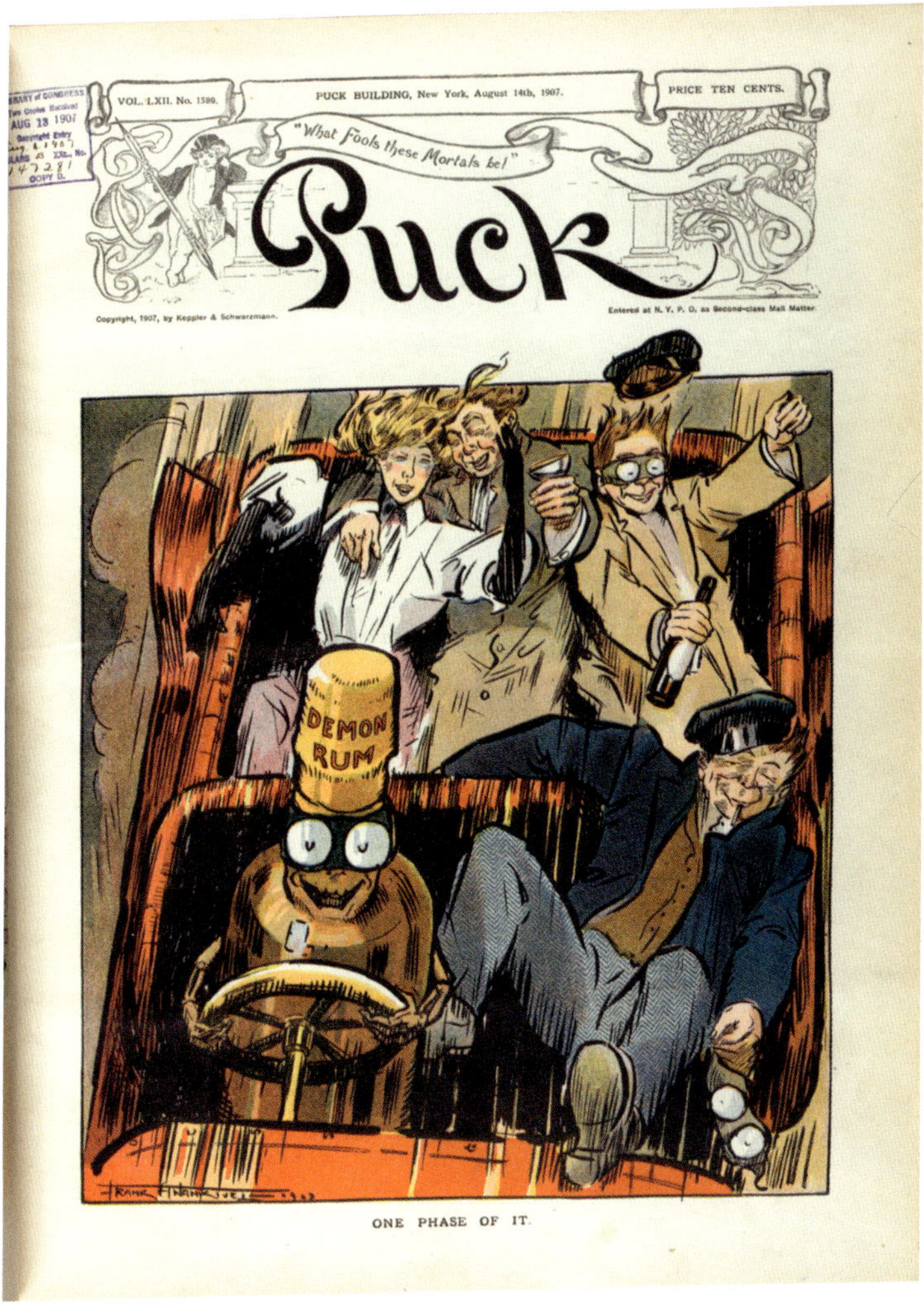

1907年、飲酒運転はすでに社会問題となっていた。『パック』誌の風刺漫画家フランク・ナンキヴェルは猛スピードを出している車の運転席にデーモン・ラムを座らせている。

一般市民の多くが酒の密輸業者や販売網を築いた無法者に同情を寄せ、彼らの仕事ぶりや暮らしをロマンチックに装飾した。やがて禁酒法は、アメリカの組織犯罪に捧げる最高の贈り物だと考えられるようになっていた。熱心な禁酒法支持者は、いわばおせっかいな気取り屋だった。

大衆文化においては、禁酒法支持者をアル中患者と同様、終末論でも説くかのように表現した。『ライフ』誌のレビューによると、1927年にブロードウェイで上演された『スペルバウンド』（「呪い」の意味）は、呪いの酒についての物語だ。じつに恐ろしい場面では、母親がとにかく酒（デーモン・ラム）をこの世からなくそうとやっきになり、愛する息子ふたりに抗ウイスキー剤を飲ませる。ふたりは顔を真っ赤にして、ひとりは口がきけなくなり、ひとりには麻痺が出る。年月が流れた第3幕、突然、背景で雷を伴う嵐が吹き荒れ、口のきけない息子が繰り返し少女をレイプしている。麻痺した息子はこの非道な光景を目の当たりにして怒り狂う。すると急に麻痺が治り、彼はベッドから起き上がって正義のために戦って成功を収めるのだ。レビューではさらに「この劇の上演自体が、少なくとも禁酒法の邪悪な一面を立証している」と指摘した。

禁酒法支持者はことあるごとに偽善者だといわれ、一般市民は目立つ人物が現行犯逮捕されるたびに喜んだ。1929年、連邦議会議員M・アルフレッド・マイケルソンは、税関で、大きな手荷物をもっていながら「検査なし入国」を許可された。何ガロンもある樽詰めのラム酒と何クォートもの強い酒を詰めたボトルが入っているとわかっていたのに、だ。マイケルソンは、義理の兄弟ウォルター・グラムが自分のために荷造りをしたと説明し、いったんは疑われたが、結局、嫌疑はとりさげられ、グラムが罰金1000ドルを支払った。

当局者が笑われることもあった。ラム酒を飲んだからではなく、ラム酒の入った食品を口にするところを見られたからだ。アメリカ陸軍准将リンカーン・アンドリュースは、イギリスとの密輸防止対策会議から戻る途中、客船ラ・フランスのレストランでラムソースのかかったクレープを食べているところを見つかった。追及されると、彼は「フォークやスプーンで食べるものならまったく問題ない」と答えた。アンドリュースはイギリスとの会合は「125パーセント成功した」と自負している。もし、イギリス海軍の船はラム酒の密輸を防ぐために動いているのに、自国の兵士に毎日ラム酒を支給しているという矛盾を問い詰められていたら、彼の回答は闇に葬られていただろう。

ラ・フランスのように酒を提供する観光船ビジネスは急発展し、酒好きを歓迎するカリブ海諸島への観光事業も人気を呼んだ。このビジネスでの敗者はもちろん、法に従ったアメリカの領土だった。アメリカ領セント・トマス島では観光船の出航依頼が月90件から25件に落ちこみ、ほとんどラム酒が占めていた島の輸出額は、1921年には357万17887ドルだったが、1922年には75万4729ドルに激減した。

禁酒法を施行しない娯楽観光地では利益がうなぎのぼりで、増えゆく観光業やラム酒の販売は、もっと高値で売れていたはずの日用品の価格が暴落したためますます重要になった。1920年、1ポンド20セント以上した砂糖が、1921年にはわずか3セントになっていたのだ。カリブ海諸島でラム酒を製造する島はどこもアメリカ人観光客に向けて言葉巧みに売りこんだが、とりわけうまくいったのはキューバだった。アーネスト・ヘミングウェイのような作家たちは、ダイキリ、モヒート、キューバリブレといった異国情緒あふれる飲み物を世に広め、バカルディ社はこんな広告を出した――「ぜひキューバへ。バカルディのラム酒に酔いしれて！」。映画スターもハリウッドやニューヨークからハバナへ旅をした。〈フロリディータ〉をはじめとするナイトクラブがそのスタイルやデカダンスな雰囲気で有名になった。また、他の島も同様に利益を得ていた。ハイチはめずらしく平和な時期を迎え、政治も安定し、相当の利益を手に入れた。バミューダはヨーロッパとカリブ海諸島の双方から入る酒を資本に、世界の密輸の中心地となった。

カリブ海諸国の政府やヨーロッパの海軍将校は、密輸を規制するアメリカ海軍や税関の支援に同意したが、懸命に対処したとは考えにくい。密輸から利益を得ていた国は、密輸防止に興味などなかったし、アメリカの発作的な正義感を少なからず滑稽だと感じていた。そしてついにアメリカ人も同意し、禁酒法廃止案は1933年に可決、1935年に施行された。禁酒法はアメリカ国内の酒産業に大きな影響を与え、ニューイングランドの一部を除いて蒸溜所を一掃した。また、アメリカ人の味覚にも大きな変化をもたらした。『ライフ』誌が1933年12月にこんな記事を掲載している。

戦前の酒ビジネスといえばウイスキービジネスだった。1913年、アメリカ人は1億3500万ガロンのライ麦ウイスキーとバーボン、500万ガロンのジン、150万ガロンのスコッチ・ウイスキー、少々のアイリッシュウイスキーを飲んだ。ラム酒、ワイン、ブランデー、リキュールはまだ頭角を現していないが、来たる1934年、まちがいなく、アメリカ人はこれらの酒を少なくとも2億ガロンは飲むだろう。

この記事はウイスキーが先の勢いをとり戻すと予測するいっぽうで、「現在のアメリカでは、バカルディ社のラム酒が禁酒法時代以前に比べて広く知られている」と指摘した。

禁酒法時代を生きのびた数少ないアメリカの蒸溜所が作業を再開するも、熟成させるには時間がかかった。そのため、しばらくは外国産の酒がアメリカ市場に残っていた。禁酒法が

ハバナの〈スロッピー・ジョー〉は禁酒法時代、西半球でもっとも有名なバーだった。後年、同じスタイルや飲み物をとりいれた同名店がキーウエストに誕生した。この写真はハバナの〈スロッピー・ジョー〉。1930年代前半。

廃止されるまえから、キーウエストにある〈スロッピー・ジョー〉はラムベースのカクテル、モヒートで有名だった。常連アーネスト・ヘミングウェイがかなり気に入っていた酒だ。ロサンジェルスではバーテンダーのアーネスト・ガントが〈ドン・ザ・ビーチコマー〉というバーをオープンし、ゾンビというラムベースのカクテルを考案した。ガントは現在のバーテンダーがレパートリーとする強い酒のひとつを誕生させただけでなく、ポリネシアをテーマとしたティキバーという概念を生み出し、しまいには自身が経営する有名店の名にちなんでドン・ビーチと改名した。ガントの顧客には、チャーリー・チャップリンやハワード・ヒューズはじめ、ハリウッドのセレブたちがいた。

ドン・ザ・ビーチコマー。彼らしい素材を使ってトロピカルドリンクを世に広めた。

みな、タヒチアン・パンチやドン・ビーチ流海軍グロッグなど、彼の作品に舌鼓を打った。ガントは抜け目ないビジネスマンで、客の心を読んでいた。カウンターの裏にある蛇口にはホースがさしこんであり、その先は屋根の上までのびていた。ガントは満席になると蛇口をひねった。客はにわか雨が降ってきたと思い、やむまで店で雨宿りするのだった。

ガントの成功はサンフランシスコに住むヴィック・バージェロンを刺激した。彼はレストラン〈トレーダーヴィックス〉を開業し、ラムベースのカクテル、マイタイ（タヒチ語で「良い」の意味）を考案して提供した。ふたりの活躍は多くの追従者を生んだ。鎖の輪はひとつ、またひとつとつながり、ポリネシア文化をモチーフにしたティキバー現象はアメリカ中に広まっていった。太平洋を見たことがないアメリカ内陸部に住む人々は、まずい中華料理を食べながら、ココナツもどきの風味をつけたラムベースのカクテルをすすり、熱帯のそよ風を夢見ていた。これこそ天才たちによるマーケティングの成果であり、現代でも生きつづけているラム酒のイメージを確立した原点である。

●世界大戦を経て現代へ

アメリカが禁酒法を廃止するいっぽう、ロンドンでは大惨事が起こり、ラム酒が世界の新聞の見出しを飾った。1世紀以上、テムズ川沿いに並ぶ波止場や倉庫はラム・クェイ（埠頭）として知られており、6500個の木樽に300万リットル以上の酒が貯蔵されていた。1933年4月21日、近隣の材木置き場で発生した小さな火事が倉庫に燃え移り、貯蔵してあったすべての酒に引火したのだ。燃えたラム酒が川幅の半分まで流れだして4日間燃え続け、消火活動にあたった消防士は煙で酔っぱらった。焼失したラム酒の量は、当時のバルバドスの年間生産量に匹敵した。アメリカではラム酒の需要が激増していたため、価格が急騰した。

ラム酒と遠く離れた島々は、熱帯の魅力を醸し出す。マン・フライデー・ラムのラベル。1940年。

現在、良質のラム酒を生産しているニカラグアは、同１９３３年秋、市場に回せるストックがあったのだろう。カルロス・ハルキン大統領は伝統を破り、どの党も投票所で有権者に無料でラム酒を配ってはいけないと命じた。このときの投票率が低かったのはそのせいなのか、あるいは、選挙があきらかに軍部に操作されていたからなのかはわからないが、次の選挙からはラム酒が配られた。

第２次世界大戦がふたたびラム酒貿易を妨害した。各地の蒸溜所が魚雷の燃料として使用するアルコールの生産を命じられたのだ（このアルコールには毒性があったが、兵士や水夫は純化する方法を見つけだし、とにかく飲んでいた）。フィリピンでは19世紀後半からラム酒の大量生産をはじめたが、これは軍需品だった。日本軍がフィリピンのマニラに侵攻したとき、フィリピン政府は蒸溜業者にラム酒をすべて廃棄するよう要求した。ほとんどが指示に従い、その結果、日本は蒸溜所の所有者を収監した。

ウガンダのように、ラム酒を輸入する慣習はあるが自分たちでは造れない人々が住む地域では、地元の砂糖やパームシュガーでワラギ（現地発音ではワージン）という蒸溜酒を造った。タイでは、1941年、ほとんどの輸出市場が閉鎖され、国外在住の酒製造業者ジェームズ・ホンザコは砂糖が安価なことを利用し、メコン・ウイスキーという酒を作った。実際、メコン・ウイスキーはラム酒で、95パーセントの糖蜜と5パーセントのコメとハーブから造られている。メコン・ウイスキーはタイを代表する酒となり、戦後は東南アジア全域に配送された。

いっぽう、カリブ海諸島と南アメリカの伝統的なラム酒製造業者は、ヨーロッパ大陸が市場を閉鎖し、輸送費がはねあがり、Uボートに輸送船を襲われたため、疲弊しきっていた。むろん、カリブ海諸島に基地をもつアメリカ兵には地元の酒が売られていたが、おかげで地元民に比べてアメリカ兵が裕福に見え、社会的摩擦が生じた。このときの状況はアンドリュース・シスターズが歌って有名になった『ラムとコカ・コーラ』に残っている。この3姉妹はセッションの前夜に歌詞を教えられ、それまで売春の歌を歌うとは思ってもいなかったら

キューバで有名なラム酒といえばバカルディだが、見事な広告を出したのは別の会社だった。義足をつけた海賊カストロを描いたこの風刺画はマツサレム・ラム社の広告だ。同社はカストロら共産主義者がキューバを支配下におさめたあとドミニカ共和国に移転した。

しい。

チャカチャカレからモノス島まで
地元の娘はみな踊る　笑顔で
兵士たちの出発を祝って
毎日を大晦日にして
ラムとコカ・コーラを飲もう
クマナ海岸へいこう
母も娘も仕事に
ヤンキーのドルをもらうために

この歌はトリニダード島のミュージシャンふたりが作り、モリー・アムステルダムが歌詞を穏やかな表現に変えた。もともとは新妻がアメリカ人兵士と駆け落ちするシーンが含まれていたのだ。アンドリュース・シスターズ以外、誰も歌詞には注目せず、ただ歌声を聞き、ラム酒を飲む夢に酔い、熱帯の楽園に住む女性を思い描いていた。

戦後、以前の植民地が次々と独立し、従来とは別のルートで自分たちのラム酒を売りはじ

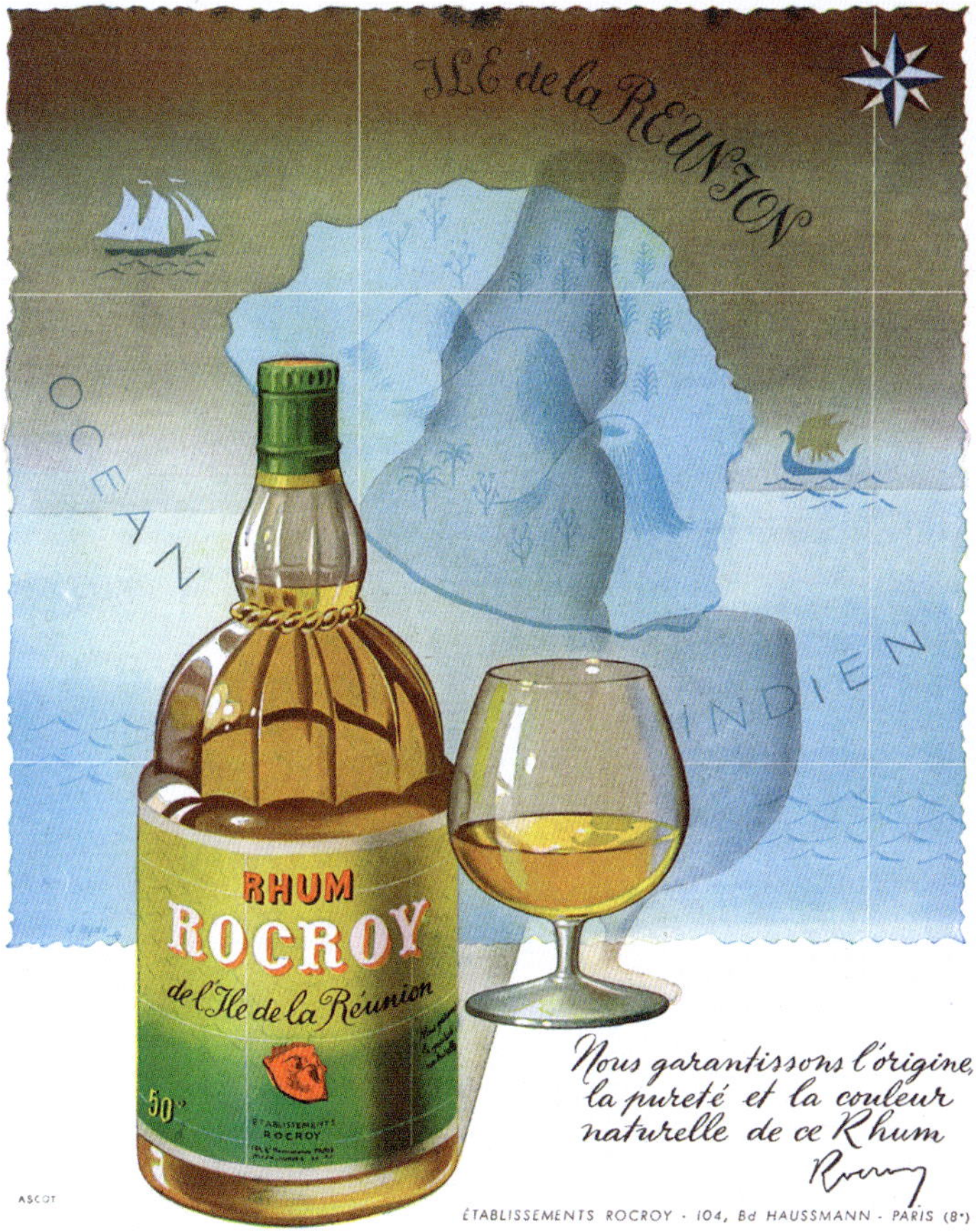

アメリカ市場ではじめて発売されたアジア産のラム酒はほとんど売れなかった。ロクロイはアメリカで短期間しか入手できなかったラム酒だ。1948年、この広告が世に出たとき、生産地であるレユニオン島を知っていた人は数えるほどだったにちがいない。

めた。なかには市場をとり仕切る者もいた。ほとんどのアメリカ人はインドを代表するラム酒、オールド・モンクなど名前すら聞いたこともないだろうが、本書を書いているいま、世界で3番目に売れているブランドである。また、キューバのバカルディ社をはじめ各企業がラム酒の販売範囲を拡大し、事実、経営は多国的になり、複数の国で生産している。

1950年代、バカルディ社の社長を務めたペピン・ボッシュは何年もかけてキューバ国外での生産力を増強した。メキシコにある施設は世界一の規模を誇る蒸溜所だった。フィデル・カストロがキューバを支配し、バカルディ社は一時国営化されたが、同社はほとんど痛手を受けなかった。おもな理由は、このときすでに莫大な量の注文をカリブ海諸島全域の買い手に出荷済みで、追って代金が入ってくるのを待つのみだったからだ。製品の輸送はボッシュが計画し、共産主義政権から自社の酒をこっそり運び去り、いよいよというときになって家族とともに島をあとにした。バカルディ社は本部をプエルトリコに移し、1件の配達ミスもなくラム酒を販売しつづけた。絶えず自社の財産を主張し、「ハバナ・クラブ」というラム酒を生産してキューバ政府を困らせた。というのも、ハバナ・クラブはキューバ政府所有の蒸溜所が商標登録しているラム酒の名前なのだ。現在、この銘柄をめぐって法的な争いがおこなわれており、キューバ版のハバナ・クラブはアメリカ以外のあらゆる地域で販売されている。

ラム酒の広告では、通例、黒人などの有色人種がラム酒を造り、白人が飲んでいる。1950年代、ハバナの新聞に掲載された広告は地元民を対象としており、こう書かれていた。「キューバ女性の美しさは世界でもピカイチだ――マツサレム・ラムもしかり」

1960年代から70年代にかけて、ラム酒はウオッカ、ジンなど他の蒸溜酒に後れをとっていたが、その後、人気をとり戻した。国際市場には新たな業者が参入し、1990年代（数十年の差はあれ、誕生から400年後）、ブラジル人はついにカシャッサを母国以外の市場に送りだした。南アメリカの他の地域で造られるラム酒やアグアルディエンテは1990年代後半に頭角を現した。グアテマラ産ラム酒サカパは中央アメリカではじめて、格式高い国際コンクールで頂点に立った蒸溜酒である。

21世紀になってから、ラム酒は伝統的な製法以外にも、創意に富んだ方法によって世界中で生産されている。ほんの10～20年前は耳にもしなかったブランドがプレミアム価格で売られているのが現状だ。ラム酒専門のバーには深い知識を身につけた客が訪れ、上等なブランデーやスコッチ・ウイスキーと同じように味を堪能するようになった。ラム酒の地位は劇的に変化した。かつて、原料の糖蜜はいわば産業廃棄物だった。唯一の用途といえば、奴隷が現実逃避のためにしかたなく飲んでいた酒を造ることだった。それがいまや、世界中の人が口にする酒となったのだ。

第6章ではラム酒の今後について見ていくが、そのまえにラム酒が文化や宗教と深くかかわった経緯について解説しておこう。

◉宗教におけるラム酒を使った儀式

長年、ラム酒はさまざまな文化と関連があったため、儀式や伝統にもとりいれられている。もっとも有名なのはヴードゥー教だが、キューバの民間信仰サンテリアや、アフリカを起源とするブラジルの信仰キンバンダでも儀式で使用される。キンバンダだけでなくどの宗派もアフリカの宗教に基づいており、新世界では形式こそ変わったが、蒸溜酒は慣習によって博愛あるいは残虐の象徴となっている。

ヴードゥー教は西アフリカのベナンで生まれた儀式が基盤で、そこから派生したものがアメリカのルイジアナとハイチでも信仰されているが、それぞれの儀式のありかたはまったくちがう。とはいえ、いずれも基本概念は同じで、ロアという強力な霊が存在し、現世の感覚的体験をとおしてそれを呼び起こす。信者はトランス状態に入り、霊を自身の体内に招きいれてこの世の喜びを味わわせる。こうした儀式には飲食物、タバコ、性交が必要で、霊によって捧げものに好みの組み合わせがある。たとえば、愛の女神エルズリーが喜ぶのは、フライドポーク、ラム酒、紙巻きタバコ。あの世の守護神であるロア、バロン・サムディ（土曜男爵）はラム酒と葉巻だ。ハイチの信者が了承しているとおり、バロン・サムディは高級ラム酒のバルバンクールしかお気に召さない。

悪な霊を呼び寄せて服従させることができるからだそうだ。アフリカ系ブラジル人の霊崇拝は多様だが、どれでもカシャッサは霊を呼び起こす特殊な力をもつと考えられている。

奇妙にも、ラム酒はアフリカを起源としない宗教でも同じような力をもつとされている。たとえば、メキシコのチアパス高地に住む先住民の宗教もそうだ。この高地に住むマヤ系ツォツィル族は水の霊に捧げものをする長い歴史がある。正確な時期はわからないが、いつからか、いちばん効果のある捧げものはラム酒とコカ・コーラだと考えられるようになった。ツォツィル族のなかにはキリスト教徒と先住民の考えをとりまぜたサンテリアなど、混合宗教を信仰する者もいて、この地域のカトリック聖職者は日ごろから聖人にラム酒を供えている。

ラム酒はいわゆる世俗の儀式をも発展させてきた。テキーラには塩とライムを添えるのが定番だ。ラム酒なら、熟成ダーク・ラムにライム、ブラウンシュガー、インスタントコーヒーを用いる。ライムの片側に砂糖を、反対側にはコーヒーをまぶして、そのライムをチュッと吸ってからダーク・ラムを味わう。ヴェネズエラのパンペロ社はこの儀式をイタリアで宣伝することに決め、こんなコピーを掲げた――「首都カラカスにある最悪のバーでいちばん愛されているラム」。不思議なことにこのラムドリンクはヒットし、パンペロ社のラム酒とこの儀式はいまもヨーロッパで人気を呼んでいる。

第6章 ◉ラム酒の現在と未来

◉味と香りを堪能する

ラム酒を造る蒸溜器のさまざまなタイプや、製品に影響を与えるいろいろな熟成技術だけでも本を書くことはできるだろう。実際、私が知るかぎり少なくとも1冊は出版されている。たしかに工学的処理も興味深いが、ラム酒を味わうために知るべき重要なポイントではない。つまり、原料、蒸溜器、熟成の技術がどう作用してラム酒が仕上がるのか、それを考えることに価値があるのだ。

サトウキビのラム酒は独特な植物の味がする。この味はアルコールをどれだけ精製したか、どのように熟成したかによってよし悪しが変わる。粗雑に精製し、熟成していないラム酒は特長が損なわれるが、木製の樽で熟成させれば良さを引きだせる。サトウキビの味が豊かな潜在要素に溶けこんでいくからだ。

ラム酒の原料である糖蜜は砂糖の副産物で、かなり甘く、凝縮されている。通常、精製の過程で燻《いぶ》したような風味がつく。糖蜜をどれだけ精製し、蒸溜するかによって、できあがるラム酒の味はヘビーでオイリーなものから軽めで舌を刺すようなものまで幅広い。

ラム酒の蒸溜器には2タイプある。中世の錬金術師が使っていたアランビック蒸溜器あるいはポット蒸溜器と、コラム蒸溜器だ。コラム蒸溜器は1830年に発明され、効率ははるかに高いが風味がかなり奪われてしまう。アランビック蒸溜器で造るラム酒は鋭くスモーキーな味わいがあり、スコットランドのハイランド地方の、泥炭の香りがついたスコッチ・ウイスキーに匹敵する。かたやコラム蒸溜器で造るラム酒は同じスコットランドでもローランド地方のウイスキーのようになめらかだ。一般にラム酒は何度も蒸溜し、不純物をとり除いてから販売するか、さらになめらかさや特徴を引きだすために熟成させる。最良の熟成期間については意見が分かれるところだ。木製の樽で1年だけ置くものもあれば、20年以上寝かせるものもある。もちろん、長く熟成させたほうが味はまろやかで、熟成させたウイスキーに近くなる。原料が糖蜜かサトウキビかの味の差は時間とともになくなり、ラム酒の味は似てくる。年代物の味は、同品種の新酒より、別品種の熟成酒のほうがはるかに近い。

自転車でサトウキビを圧搾機まで運ぶ農夫。モーリシャスにて。

熟成樽に使われる木材の種類によっても味が変わる。ときには政治的理由によって変更せざるを得ない時期もあった。アメリカのバーボンの蒸溜所は法律により、焼きいれしたオークの樽を1回使ったら売りに出しているが、カリブ海諸島のラム酒製造業者はこの樽を使うととりわけまろやかなラム酒ができることに気がついた。しかし、禁酒法が施行されて樽の供給が絶たれたため、ヨーロッパからワインの樽をとり寄せて再利用しなければならなくなった。これではコストがかかるうえ、目指す味も出せない。さらに、アメリカで禁酒法が廃止されてもすぐには樽を仕入れることができなかった。合法のウイスキー産業が停滞し、アメリカの樽が市場に出回るまでに数年を要したからだ。

スパイスやフルーツを加えたラム酒には長い

ジャマイカのアプルトン社に勤める上級ブレンダー、デイヴィッド・モリスン。ロサンジェルスで開催されたラム酒試飲夕食会で商品を展示している。

歴史がある。昔はほとんどのラム酒が粗悪品でなにかを足さなければ口にできなかったのだ。スパイスを効かせたラム酒は薬剤師が強壮剤として調合することもあった。やがて、糖蜜、サトウキビ、木の味よりもトロピカルハーブで味つけしたラム酒を好む人が出てきた。この10～20年、クラーケンはじめ独特なスパイスを配合したラム酒が登場し、本来のラム酒の味を活かしてさまざまな飲み物にアレンジできることが証明された。こうした挑戦は大歓迎されるようにも思えるが、純粋なラム酒愛飲家はけっして求めないだろう。

フルーツを足したラム酒も同様だ。もはやその人気はゆるぎなく、甘いカクテルとして確立している。こうしたラム酒はアルコポップという果汁や炭酸の入ったアルコール度数の低い飲み物に分類され、狙ったターゲット、つまり、まだ味のわからない若者にはもってこいだ。質より量をこなしたいバーテンダーにも大人気になっている。１００パーセントの果汁と上等なラム酒はじつに相性がいい。自分好みの味を作るひとときもまた格別だ。

◉達人の楽しみかた

ラム酒をどのように味わっているのか、有用なデータを世界各地から集めることは難しい。しかし、少なくとも90パーセントはなんらかの果物や風味を足して飲んでいるようだ。こうしたラム酒はたいてい氷を入れて出されるため、味や香りなどのこまかな違いはさらにわかりづらくなる。

ラム酒はこれまでずっと、少しでもおいしく飲めるよう工夫されてきたため、ストレートで飲むことはなかった。いまでもそうだ。バーでラム酒のストレートを注文したら、きっと不適切なグラス、不適切な温度で出てくるだろう。ショットグラスやコーディアルグラスはどちらも飲み口が広がっていて、鼻に届くかすかな香りをまったく考慮していない。こんなときは、もし一般的な店にいたら、ぜひワイングラスに入れてもらおう。

専門家に意見を求めたところ、ラム酒を味わう適温は12～14℃、グラスは洋ナシ形のバルーン・スニフター［「スニフター」は「香りをかぐもの」の意味］か、コピタと呼ばれるチューリップ形のシェリーグラスが最適だそうだ。きっと、そのとおりなのだろう。だが、最近のラム酒の味は幅広い。まるでウオッカのように透明でキリッとしたトリーティ・オーク・ラム（アメリカ、テキサス）や、ふくよかで甘味のあるオールド・モンク（インド）、バタースコッチとカラメルの香り漂うサカパ（グアテマラ）、スパイスをたっぷり効かせたサンソム（タイ）など、挙げていけばきりがない。それぞれに、最適なグラス、最適な温度があるはずだ。

たとえば、上部が狭くなったスニフターは蒸発するアルコールを集めて他の香りを抑えるので、年代物の濃厚なラム酒に適しているだろう。熟成したラム酒のバニラやカラメルの香りを楽しみたければ、適温とされている温度より少し高めで飲むことをおすすめする。グラスはスニフターがいいだろう。スコッチ・ウイスキーを飲むのと同じように、水を数滴（それ以上はダメ）垂らすと驚くほど香りが立つ。ホワイト・ラムのストレートを好む人は、冷やしすぎない程度に冷たくして、白ワインのグラスやブランデー用テイスティンググラスで味わうことが多い。

ラム酒を専門とするバーテンダー数人にインタビューしたところ、いちばん興味深かったのは、ロサンジェルスのラムバー〈カーニャ〉で働くジョン・コルソープの回答だった。彼は、違うグラスを使えば違う特徴を引きだせるが、それではラム酒の評価が難しくなると指摘した。

鑑定家はＩＳＯ（国際規格）のテイスティンググラスを使い、室温で飲みます。もし、本当にラム酒の特徴を体感したいなら、スタイルを調整せずにすべて同じグラスで口にするべきです。私は室温で飲みます。みなさんがなぜ冷やして飲むのかわかりません。冷やしてしまうと蒸発が抑えられ、香りも減ります。それなのに、なぜ冷やすのでしょうか。水を垂らすことにかんしては、フルーティな香りを感じやすくなるため好む人がいます。ラム酒はアルコール度数の幅も広いので、さまざまな味を開拓することができるでしょう。

飲食物すべてにおいていえることだが、大事なのは自分の好みだ。もしラム酒をコーヒーカップで飲んだり、携帯用容器に詰めてストレートで飲んだりするのが好きなら、それもいい。ただ、いちど専門家のすすめる方法で飲んでみよう。なにかに気づくかもしれない。とにかく、自分がいちばん幸せになれる飲みかたで味わうことだ。

●ラムベースのカクテル

誕生初期のラム酒を復元しようとした人はみな、変わった問題に直面する。現在手に入る最悪のラム酒は、当時世界最高だったラム酒より質がいいのだ。ラム酒に組み合わせる他の材料も変わった。食物史家たちが議論を交わしているが、初期のレシピに書かれているレモンはじつはライムかもしれないし、長年作られていない品種のセビーリャオレンジや野生のココナツに近い味をどうやって出したらいいかもわからない。分量が記されているレシピですらときに問題が生じる。「レモン果汁5個分」といってもいったいどんなレモンなのか？

現在のレモンは、大量の甘いジュースをしぼるために何百年ものあいだ品種改良を重ねてきたレモンなのだ。現代の私たちができる最善策は、知識に基づいた推測をもとに熱意ある実験を重ねることだろう。初期のレシピを編みだした人たちと同じように。

揺籃期《ようらんき》のラム酒は未精製でまずかったため、現実逃避したかった奴隷でさえ、味をごまかし、アルコールのきつさを消すためになにかを足す工夫をしていた。ブラジルでは、カシャッサにサトウキビとフルーツのジュースを加えた。サミュエル・モアウッドによると、プランテーションで働く奴隷は、ラム酒、水、糖蜜から造った「気晴らし用の弱い酒」を与えられていたという。材料の正確な分量はわからないし、たとえわかったとしても、気分転換のひとときが過ごせるような酒だったとは思えない。

ラム酒、柑橘系の果物、砂糖という三位一体は、誕生初期から存在していたようだ。バカルディ社はラム酒のルーツを調べているうち、イギリスの海軍提督フランシス・ドレイクに仕えていた船長にたどりついた。１５８６年頃（この年代は想像の域を出ないが、そう間違ってはいないはずだ）、彼がモヒートにそっくりな飲み物を、カリブ海諸島周辺で味わっていたことはまちがいない。１４９３年、２度目の航海に出たコロンブスがすでにレモンとライムをもちこんでいるので、つまり、砂糖とラム酒が登場したとき、すべての役者がそろったのだ。

ラム・パンチの「パンチ（punch）」は、こぶしで殴るパンチではなくヒンドゥー語で「5個」を表す「パンチ（panch）」に由来する。もともとラム・パンチはラム酒と柑橘類のほかに少なくとも3種類のスパイスを加えており、たいていはシナモン、ナツメグ、ジンジャー、クローブだった。パンチについて最古の記録が残っているのはジャマイカで、蒸溜した糖蜜を上流社会に紹介している。ブランデーやウイスキーに果汁と砂糖を加えるパンチは早くも1630年代の記録が残っているが、ラム・パンチは材料が手に入るようになった地域で一気に広まった。

ラム・パンチは1694年に一連の基準が設けられた。イギリス人がインドのボンベイで発行した資料にはこう記されている。「客がパンチを飲もうと飲食店に入ったら、必要なのは、インドのゴア産アラック1クォート、砂糖半ポンド（約230グラム）、良質のライムウォーター半パイントだ。これがあれば自分流のパンチを作れる」。このパンチは「ボンベイ政府パンチ」と呼ばれ、香りや深みを加える高価なスパイスは入っていないが、安く作れるし、ストレートで飲むより、グロッグと同じようにはるかに健康によかった（強烈な酒なので、もしこのレシピで作るなら、水か紅茶を足すことをおすすめする）。

1838年、モアウッドはセントクリストファー島で作られていた同種の酒「スウィズル」についても記している。それによると、

1700年代、ラム・パンチは上流階級のイギリス人が飲む酒であり、ほろ酔い程度で済まないこともあった。1732年、ウィリアム・ホガースが巧みに描きだした『現代における真夜中の社交 *A Midnight Mordern Conversation*』を見れば、ラム・パンチ・パーティで酒びたりになっているようすがよくわかる。

ラム酒を6倍の水で薄めて、香りづけの材料を好みで足す。水を近隣の島々から輸送していたため、スウィズルはたいてい高価だ。ときにはラム酒の代わりにワインを使うこともある。

当時はラム酒よりも水のほうがはるかに高価だった。いま酒屋にいって上等なラム酒の値段を見ればわかるが、昔の水は仰天するほど高かったのだ。果物を刺して添えるための小枝、スウィズル・スティックは単なる飾りではない。これは香木でできていて、ハーブの根（ルート）のエッセンスを調合したルートビアのようなほのかな風味を足してくれる。

1720年代になるとイギリスでラム・パンチが大流行し、国中にパンチ・ハウスができた。上等な店では法外な値段がつき、1730年、最高級のパンチは1クォートで8シリングだった。当時、ロンドンの1週間の家賃と食費を合わせても7シリングだったのだ。パンチの人気は摂政時代［イギリスでジョージ3世が統治不能に陥り、息子ジョージが摂政として統治した時期。1811〜1820年］をとおして続いた。高価なスパイスを添えた異国風のパンチは王家の行事でふるまわれた。パンチは大西洋の反対側でも人気を呼んだ。ジョージ・ワシントンの妻マーサが客に出したラム・パンチのレシピは本書の巻末に載せてある。

やがてイギリスではパンチの人気が衰えたが、カリブ海諸島では新ヴァージョンが流行した。プランターズ・パンチはマイヤーズ・ラム社が１８９３年に蒸溜所をオープンしたさいに考案したと主張しているが、このパンチにかんする記述は１９０８年8月8日発行の『ニューヨークタイムズ』紙に詩風のレシピが掲載されている。

このレシピを　あなたにあげる
心熱き仲間に
すっぱい果物を2個（おすすめはライム）
砂糖は1杯と半分に
強いオールド・ジャマイカを3杯
それから4杯　弱いラム酒を足して
かきまぜて召しあがれ　まちがえてはいない
いま伝えたとおりに作って

マイヤーズ版プランターズ・パンチはオレンジジュースと、ザクロから作ったシロップのグレナディンを加えていて、より洗練された飲み物になっている。パンチが人気者でありつづけたのにはそれなりの理由がある。とにかくリフレッシュできるのだ。それに、ジュースやスパイスは、たとえありふれたラム酒でも欠点を巧みに隠してくれる。

フランスとスペインがアメリカを支配していた植民地時代、いまではラムを使わなくなったラムドリンクが生まれた。スタンリー・オーサー・クリスビー『ニューオーリンズで有名な飲み物とその作りかた *Famous New Orleans Drinks and How to Mix'Em*』（1937年）にラム・ミント・ジュレップのレシピが載っている。1793年、サント・ドミンゴから追放された白人貴族がニューオーリンズに定住したさい、ルイジアナにもたらされたオリジナルのミント・ジュレップだそうだ。ミント・ジュレップにはじめて触れているのは1803年の資料で、単に「ミントを入れた蒸溜酒」と呼んでいる。いまやミント・ジュレップといえばウイスキー（バーボン）だが、初代ジュレップには入っていなかったにちがいない。

南アメリカでは他のラムドリンクもほぼ同時に生まれたが、残念ながら資料はほとんど残っていない。ブラジルとメキシコはどちらもまったく違うロンポペという飲み物の権利を主張している。メキシコ版は甘いバニラの香りをつけたエッグノッグ［牛乳ベースで卵を入れた甘い飲み物］で、1600年代後半にプエブラの修道院で生まれたらしい。ブラジル版はラム酒にシナモン、砂糖、にがいレモンを足す。これにミルクを加えるとディマンティーナになる。

こうした飲み物が誕生した時系列はだいたいつかめるが、じつに興味深いラムドリンクのひとつ、キャラント・キャトル（「44」の意味）が誕生した正確な時期はわからない。キャラント・キャトルはマダガスカル特有の酒で、オレンジに44か所の切りこみを入れ、それぞれの穴に1個ずつ計44個のコーヒー豆を入れ、1リットルのホワイト・ラムが入った壺に44日間漬ける。即席の酒とはあきらかにちがう、驚くべき飲み物だ。もしコーヒーが嫌いなら、クローブを使ってスパイシーな柑橘系のコーディアルを作ってみよう。

体を冷やしてくれる飲み物は、当然、インドや新世界の蒸し暑い夏に人気が高まった。同じように、冬の夜に体を温めるエッグノッグやホットトディも大事にされた。第2章で紹介した熱い酒フリップは１７０４年の詩にも登場する。この詩にはラム酒にサクランボを浸したバウンスも出てくる。

昼間は短く　外は寒い
居酒屋の暖炉のそばで　語り合い
店に入るや　酒をたのむ人
フリップやバウンスで飲みはじめる人

いつまでも人気が衰えない熱いラムドリンクといえば、オーストリアのイエーガーティだ。作りかたはいたってシンプルで、紅茶にラム酒を加えるだけ。名前はドイツ語で「猟師の紅茶」を意味し、19世紀に誕生したが、当時から現在のボトル版に漂う独特なハーブの香りがついていたかどうかはわかっていない。この疑問の解決にはならないが、おそらくアルコール度数によって、ハットティ（山小屋の茶）、レンジャーズティ（森林警備隊の茶）、ポーチャーズティ（密猟者の茶）など、いろいろな名前がつけられていた。オベルイエーガーティ（猟兵長の紅茶）はアルコールの量が2倍、シュルツェンイエーガーティ（女たらしの紅茶）は3倍になる。これらを飲む人は心から夢うつつの状態を望んでいるだろうし、実際、たちまち願いは叶うはずだ。

エッグノッグは何世紀にもわたって飲まれてきた伝統的な飲み物で、アメリカ植民地時代から考え抜かれたレシピが数多くある。私が試したなかでとても味わい深かったのは比較的新しいレシピで、その名はムースミルク。カナダ空軍が新年を祝うさいに好んで飲む酒だ。本書の巻末にレシピを載せてある。見ていただければすぐにわかるが、ムース（ヘラジカ）の乳を搾る必要はない。

ゾンビ、マイタイ、強烈なミッショナリーズ・ダウンフォール［パイナップルジュースを使い、ミントの香りをつけたフルーティなカクテル」など、20世紀のティキ時代から飲まれてきたラムドリンクを解説することは簡単だが、それでは本書の目的とずれてしまう。このテーマなら、バーテンダー兼歴史家のジェフ・〝ビーチバム〟・ベリーが決定版を出している（巻末の参考文献参照）。この本をすすめる以上にいい方法は見つからない。

◉ラム酒を使った料理の歴史

他の多くのアルコール飲料と同じように、ラム酒も調理に使って火を入れると劇的に特徴が変化するが、そのまま使って料理の味わいを深めることもできる。ラム酒はチョコレートの詰め物として人気が高く、ラム酒に浸したフルーツケーキやキノコ形スポンジケーキのラムババもある。ラム酒があれば、とびきりおいしくて繊細で香り高いケーキが作れるし、ジャマイカのジャークスパイスや他の風味のよいソースとともにバーベキューの下味にも使える。

植民地時代のアメリカではラム酒を使ったレシピがたくさん生まれた。ほとんどが甘い菓子で、たとえば、アップル・タンジー・タルトはラムレーズンとリンゴを混ぜた生地を焼いて、ラム酒とベリーで作ったソースをかける。これを現代風にアレンジしたなかでもとびきりおいしいのは、ストロベリーラムソースをかけたダッチ・ベイビー・パンケーキだ。こうした料理の詳細は巻末のレシピ集や本章を参考にしてほしい。

いつ誕生したかはわからないが、昔からある組み合わせにラムとバターをまぜるラムバターがある。すでに植民地時代、ホット・バタード・ラムにして飲まれていたことはまちがいないが、レシピとして記録されたのはかなりたってからだ。私が見つけた最古のデータは1889年のもので、『オックスフォード英語辞典』に載ったのは1939年だが、そんなに歴史が浅いとは考えにくい。1920年代のニューオーリンズの料理本には、ラムバターソースは昔の家庭の味だと記されており、当地ではパンプディングにラムバターソースをぬるのが習わしだったようだ。それ以前の資料には「ハードソース」という言葉が多く出てくる。これはバターとさまざまな種類の酒を混ぜて作ったソースだが、ほとんどはウイスキー、ブランデー、ラム酒のどれかを使っていたのだろう。

私が知っているラム酒を使った料理のうち、レシピの作者がわかっていて、かつ、もっとも古いものは、驚くなかれ、トマス・ジェファーソン［第3代アメリカ大統領］が食べていたラム・オムレツである。ハムやチーズを添えた塩味のオムレツを食べ慣れている人からすれば、ラム・アプリコット・ソースをかけた卵のパンケーキもどきは不思議な感じがするだろう。ジェファーソンは食の冒険家といわれており、まさにその評価に値する人物だった。

ただ、自ら料理するわけではなく、お抱えのフランス人シェフがブランデーの代わりにラム酒を使ってみたのかもしれない。このオムレツがメインディッシュだったのか、あるいは、軽食やデザートだったのかはわからないが、シンプルかつ優雅なブランチの一品になるはずだ。

ヨーロッパでラム酒が料理の材料として注目されるようになったきっかけは、19世紀にフランスで誕生したラムババだった。1720年代、国外追放されたポーランドのスタニスワフ王がバブカと呼ばれる酵母を使ったケーキをもちこみ、フランス人がそれをブランデーに浸けるアイデアを思いついた。そして1835年頃、パリのパティスリーがブランデーの代わりにラム酒を使った結果、スター菓子が生まれたのだ。ラムババを焼くリング状の型は1844年に登場し、以降、リング形のラムババがヨーロッパ中に広まった。イタリア、ナポリの名物ババもこの仲間だ。その後もラム酒に浸したケーキが生まれ、はるか遠く、南インドのケララ州でもクリスマスの伝統菓子となっている（ラムババの生みの親はフランス人の偉大な美食家ジャン・アンテルム・ブリア＝サヴァランだとする説もある。そう、ラムババの別名はサヴァラン。といっても、彼が命名したのではなく、彼を称えてつけられたのだ。サヴァランはラムババが最初に記録された5年前に他界したため、偉大な著書『美味礼賛』［関根秀雄、戸部松実訳。岩波書店］にはラムババが載っていない）。

ラムケーキは17世紀に流行した蒸しプディングから生まれた菓子だといわれている。写真はレストラン〈ミスター・セシル〉のレシピをもとに作ったラムケーキ。

もうひとつ、クリスマスの伝統菓子にラム・ボールがある。ラム酒に火を入れないため、このケーキはほんのりとアルコールを含んでいる。おそらく、1850年頃にドイツで生まれ、ルムクーゲル（ラム・ボールのドイツ語）と呼ばれていたが、地域それぞれのヴァージョンがある。ハンガリー版はコークスゴヨー（ココナツボール）という。丸いサクランボにラム酒とチョコレートをからめ、ココナツフレークのなかで転がせば完成だ。

ラム酒を使った甘いデザートはヨーロッパだけで人気を博したわけではない。新世界でもおいしい菓子がたくさん誕生した。コロンビアのクレイポット・カネラ・ソースは、ラム酒、シナモン、砂糖、スターアニスを混ぜ、サトウキビジュースを煮つめたパネラ［黒砂糖］を入れて作るが、ブラウンシュガーを代用してもほとんど味は変わらない。ほんのりとラム酒特有の香りがするカラメル風味のソースはケーキにかけたり、シュークリームに入れたりする。コロンビアのデザートを特徴づけている味だ。

最後に、ニューオーリンズの名物を紹介しよう。1950年に誕生したバナナ・フォスターだ。考案したのは、フレンチクォーターにある〈ブレナンズ・レストラン〉でシェフを務めていたオーウェン・エドワード・ブレナンとポール・ブランジェのふたり。バナナ・フォスターという名は、この店に足しげく通った美食家、ニューオーリンズ犯罪対策委員会会長リチャード・フォスターにちなんでいる。ラム酒、シナモン、バナナリキュールで作ったソースをバナナにかけて火をつけたこのデザートはたちまちヒットし、２０１２年、〈ブレナンズ・レストラン〉はバナナ・フォスター用に1万５８７６キロのバナナを仕入れている。

甘いラムソースをとりあげた料理本は次々と出版されたが、ラム酒は惣菜用ソースのベースにも使われている。ジャマイカのジャークソース数種類には材料として入っているし、テキサスの料理コンテストではラム酒を使ったチリソースが高く評価された。フィリピンなどではチキンや魚を焼くときにハニーラムソースを使う。１９５０年代のティキブームでは、ラムベースのバーベキューソースが大流行し、甘くねばねばしたソースをスペアリブなどの肉にからめて焼いた。ラムジンジャーソースもこの時期に生まれ、発祥の地はポリネシアやカリブ海諸島だといわれることが多いが、おそらくカリフォルニア州で誕生したのだろう。ラムベースのグリルソースは１９７０年代にその良さが認められ、現在も高級食材店にはラム酒、ジンジャー、柑橘類を合わせた多くのソースが並んでいる。

ラム酒を使った料理は数多くあるため、このテーマで本を書くことは簡単だ。だが、私の知るかぎりその類の本は存在しない。魅力的なラム酒の繊細な一面をとりあげたら、きっと素敵な本に仕上がるだろう。

◉ラム酒の未来

　ついにラム酒もブランデーや高級ウイスキーと同じように真剣に扱ってもらえるようになり、蒸溜業者はこれまでにない味や特徴を研究して対応している。なかには風変わりなものもある。たとえば、アメリカ、ウィスコンシン州マディソンのヤハラベイ蒸溜所が造る、モロコシを原料とした熟成酒だ。私が主催したラム酒愛飲家を集めてのブラインド・テイスティングでは、ムスクとハーブが混在する珍しい味にそれぞれ見解を述べていたが、これはラム酒ではないと評した人はひとりもいなかった。

　ラム酒の品質は確実に世界中で向上している。かつて粗悪品を製造して評判を落とした国でさえ、いまや高級酒をボトルに詰め、高値で販売するようになった。19世紀、イギリス海軍はモーリシャスのラム酒をばかにしていたが、現在はスター・アフリカン・ラムとして売られ、シトラスとカルダモンの香りが称賛されている。ジャマイカのアプルトン社など長い歴史を誇る製造業者は30年間熟成させたラムを販売し、贅沢なイベントを開催して、高級ワインさながら、料理に合うラム酒を提供している。ただ、このようなディナーの開催はあまりうまくいっていない。ラム酒はアルコール度数が高いため、度数の低いワインやビールのように料理と調和しないからだ。しかし、新たな概念を導入するという事実こそ、熱意の証

年代物のラム酒のボトルが個人宅の倉庫から見つかり、法外な値段で売られることもある。写真にあるジャマイカのラム酒2本は1875年産で、1本500ユーロと推定される。

だろう。

むろん、現実をいえば、いまだ粗悪なラム酒も造られている。政府による価格支持政策が砂糖の過剰生産を後押ししているからだ。また、若いラム酒を熟成酒だと偽ったり、熟成したように見せかけるため混ぜ物をしたりする残念な行為も続いている。多くの人が遺伝子組み換え穀物や分子美食学［調理を科学的な観点から解明し、食材が変化する仕組みを分子レベルで分析して調理技術の向上を目指す学問］を歓迎しているいま、結局のところ、こうした操作は許されるどころか望ましいのかもしれない。純粋主義者や伝統を重んじる人々はあとずさりするが、フルーツやスパイスを添えたラム酒を飲んで大人になった世代は、ポストカルチャー

思いもよらぬ場所で造られている高級ラム酒もある。オールド・ジャマイカはカリブ海諸島の糖蜜を使ってアイルランドで生産されている。

の実験に刺激を受けやすい。他のなににも似ていない珍しい酒を飲めるのだから。

伝統的な上質のラム酒とフルーツやスパイスで風味づけしたラム酒が同時にブームを迎え、これからも競いつづけていくだろう。流行を先取りする人たちがウオッカやジンにラム酒を足し、常軌を逸したラムドリンクを考えだしているかたわら、昔ながらのラム酒と風変わりなラム酒がどんどん高値で販売されるようになるはずだ。タフィアを飲みながらサトウキビ畑で骨身を削って働いた奴隷、マストのロープを結ぶまえに酒をあおった水夫、小娘を抱いてもぐり酒場にかよった紳士。精製した酒なのか、異国風にブレンドした酒なのか、みなわかっていなかったにちがいない。だが、すべては歴史を日々つないでいく物語の1ページなのである。

謝辞

本書の執筆にあたり、多くのかたがたに助けていただいた。心から感謝申しあげる。全員の御名前を挙げたいが、すでに文字数制限をはるかに超えているため、網羅したら編集者に斧で切り落とされてしまうだろう。とはいえ、とくにお世話になったかたがたにはぜひここでお礼を伝えたい。海にまつわる伝承、アメリカ植民地時代の歴史、船乗りの労働歌にかんしては、海事史研究家サイモン・スポルディングに。ヴードゥー教については、研究家ゲリー・ガンドルフォに。ややこしい詳細な調査やつねに励ましてくれた優しさについては、チャールズ・ペリーに。ポルトガル語の翻訳とラム酒の伝承については、ジョー・タッチとゲイル・タッチに。東南アジア産ラム酒の歴史解明にかんしては、チュラティップ・ニティポンに。計量についての専門的な助言については、コロニアル・ウィリアムズバーグ財団のマーシャル・シーツ、および、マウントヴァーノンにあるグリストミル&ディスティレリー（製粉蒸溜所）の支配人スティーヴ・ベイショアに。忍耐力と御教示に対しては、編集者アンデイ・スミスに。また、私が作った調合酒をすべて口にし、歯に衣着せず批評してくれたウォルフ・フォスに。そして最後に、1年以上、キッチンでおかしな実験をしまくってラム酒を飲みつづけた私に我慢してくれた愛する妻ジェイス・フォスに。

本書を仕上げるために協力してくれたかた、謎めいた酒を試飲してくれたかた、つねに私を元気づけてくれたかた、みなさまに心から感謝したい。記載内容に誤りがある場合、責任はすべて私にある。どなたも、快く、驚くほどの力を貸してくれたのだから。

訳者あとがき

本書『ラム酒の歴史 *Rum: A Global History*』はイギリスのReaktion Booksが刊行しているThe Edible Seriesの1冊であり、このシリーズは、2010年、料理とワインにかんする良書を選定するアンドレ・シモン賞の特別賞を受賞した。

著者リチャード・フォスはアメリカ、カリフォルニアを拠点に活動している食物史研究家で、食文化についての講義やイベントも開催している。英語版だが、著者の情報サイト「フォス・ファイルズ（http://richardfoss.com/）」を開くと、ちょっと恰幅のいい、ひげのおじさまが笑顔で出迎えてくれる。第2章に1点だけ掲載されている写真ではわかりにくいが、陽気であたたかそうな人柄がうかがえ、「食」を心から楽しんでいることが伝わってくる。

本書には、著者がラム酒と出逢ったエピソードを皮切りに、ラム酒にまつわるあれこれが網羅されている。蒸溜法、種類、銘柄、歌や詩、宗教とのかかわり。そしてなにより500年におよぶ世界の歴史が一読で把握できる。文章も小気味よく、訳しながら楽しく読めた。

昔の奴隷が廃物を利用して造った気晴らし用のまずい飲み物。カリブ海の海賊が船上であおったアルコール。アメリカ初代大統領ワシントンが兵士の士気を高めるために配ったエネルギー剤。文豪ヘミングウェイが愛したカクテルのベース。いまや数百万円もの値が付く高級品。すべてラム酒だ。本書を読むと、一見無関係に思えるこれらひとつひとつがつながっていき、ラム酒がたどってきた道の全体像をくっきりと浮かび上がらせてくれる。

著者はラム酒そのものを堪能したい正統派のようだが、いろいろなカクテル、料理、お菓子を味わい、みずからも試作している。微笑ましいほどラム酒に惚れこんだ、そんな著者のおすすめレシピが巻末に紹介されている。材料も手に入りやすいので、試してみてはいかがだろうか。

ラム酒と聞いてまず思い浮かぶのはカリブ海や南米だという読者も多いだろう。しかし、本書には登場しないが、じつは日本でも沖縄や九州で生産されている。また、奄美群島では同じサトウキビを原料とする蒸溜酒、私の好きな黒糖焼酎を造っている。焼酎と製法は違えど、日本産のラム酒も違和感なくいただけそうだ。まだ口にしたことがないので、ぜひ味わってみたい。また、現在はインターネットでラム酒を検索すると、特徴、値段、売上ランキング等、情報が山ほど入手できるし、お酒売り場にいけば本書に出てくるブランドも目に入る。もはやラム酒はウイスキーやワインを追う人気のお酒になっているようだ。

モヒート。マイヤーズ・ソーダ割り。いままで私はそれがどんなお酒なのかよく知らぬまま、ただ味が気に入ってときおり注文していた。ベースとなるラム酒が、もともとは奴隷が現実逃避するために廃物を工夫して造ったキツいお酒だったとは……。こうした歴史を知ったいま、私にとってラム酒は以前と少し違う存在になった。ラム酒にかぎらず、食べることや飲むこと、あるいは食材そのものに御興味のあるかたは、この《「食」の図書館》シリーズから気になる作品を手に取ってみてほしい。きっと多くの、そして意外な発見があり、日々の食生活に深みが加わるにちがいない。

この夏は記録的猛暑。さあ、今宵はひさしぶりにきりりと冷えたモヒートを……

最後になりましたが、拙訳を細かく丁寧にチェックしてくださった原書房の善元温子さん、的確かつさまざまなアドバイスをくださったオフィス・スズキの鈴木由紀子さんに、この場をお借りして心より御礼申し上げます。

内田智穂子

２０１８年７月

写真ならびに図版への謝辞

著者および出版社より、以下に挙げる図版の提供や掲載を許可してくださったかたがたに感謝申しあげる。

Phoebe Beach, used by permission, with thanks to Mutual Publishing: p. 133; Biodiversity Heritage Library: p. 37; British Library, London: pp. 28, 32, 38, 57, 113; © The Trustees of the British Museum, London: p. 60; David Croy's Advertising Archive: p. 77; www.finestandrarest.com, used by permission: pp. 67, 102, 135; photo by Richard Foss: pp. 101, 111 150, 166, 171; Photo by W. L. Foss: p. 45; fotoLibra: p. 117 (Martin Hendry); Courtesy of Galleries L'Affichiste, Montreal: p. 115; Grindon Collection, Manchester Museum Herbarium: pp. 14, 26; iStockphoto: p. 6 (Jaime Villalta); Cachaça Leblon: p. 107; Library of Congress, Washington, DC: pp. 16, 21, 65, 72, 108, 127; US National Library of Medicine, Bethesda, Maryland: p. 23; Princeton University Library: p. 125; Proximo Spirits, used by permission: pp. 123, 141, 137, 170; Rex Features: p. 145 (Isifa Image Service sro); Starr African Rum: p. 149; State Library of New South Wales: p. 95; State Library of Queensland: pp. 97, 98; Victoria and Albert Museum, London: p. 29; Vintage Scans Creative Commons: p. 9; Werner Forman Archive: p. 48 (Formerly Philip Goldman Collection. Location 17).

ラム酒の博物館

　ラム酒の製造を扱った小さな博物館を併設している蒸溜所は世界中にある。ただ、なかには博物館というよりは美化された土産ショップもあるようだ。当然、現地で造るラム酒に焦点を当てているが、キューバのハバナ・クラブ・ミュージアムやマルティニーク島のセント・ジェームズ・ミュージアムのように、ラム酒を総合的にとりあげ、興味深い展示をおこなっているところもある。
　以下、特定の蒸溜所と提携していない博物館をいくつか紹介する。

◉ラム酒とサトウキビの博物館（ドミニカ共和国）Rum and Sugar Cane Museum
Isabel La Catolica #261, Santo Domingo
　この博物館は観光地に遺る16世紀の建物のなかにあり、試飲できるバーが併設されている。

◉ラム酒博物館（ドイツ）Das Rum-Museum (Seafaring Museum)
Schiffbrucke 39, 24939 Flensburg
　もともとラム酒の貯蔵庫だった施設の地下に作られた小さな博物館。

◉ラム・ストーリー（イギリス）The Rum Story
Lowther Street, Whitehaven, Cumbria
　1785年に建てられたラム酒貯蔵庫の数棟を利用した博物館だ。製造、密輸、再建した煮沸室、蒸溜室などが展示されている。
www.rumstory.co.uk

◉サトウキビ博物館（マルティニーク島）Musée de la Canne
Point Vatable, Trois-Islets
　セント・ジェームズ・ミュージアムのほうが規模も大きくて有名だが、マルティニーク島にいったらぜひここに足を運んでほしい。

査して仕上げた調査書は700ページを超え、空想的で謎めいた伝承も含まれてはいるものの、文章は小気味よく、現在の読者も楽しめるだろう。オンラインでいくつかの版が無料で入手できる。私はArchive.orgの版を利用した。

Williams, Ian, *Rum, a Social and Sociable History* (New York, 2005)［『社会的および社交的なラム酒の歴史』］
本書もカリブ海諸島でおこなわれていたラム酒貿易の歴史を扱っている。最近の歴史については詳しく書かれていない。

Wondrich, David, *Punch: The Delights (and Dangers) of the Flowing Bowl* (New York, 2010)［『ラム・パンチ　なみなみつがれたボウルの悦楽と危険』］
文才ある著者がパンチの歴史を綴る。総じて洞察力に満ちており、読んでいて楽しい。時代を問わず多くのレシピが掲載されていて、なかにはチャールズ・ディケンズが作っていたラム・パンチのレシピもある。

推奨参考文献

Berry, Jeff, *Sippin' Safari: In Search of the Great "Lost" Tropical Drink Recipes...and the People Behind Them* (San Jose, CA, 2007)［『酒の旅　失われた極上トロピカルドリンクのレシピとそれらを考案した人にかんする研究』］
ポリネシアをテーマとしたバーの流行《はや》り廃《すた》りをたどった本。ユーモアにあふれ、楽しく読めるので、このテーマに興味があるすべての人におすすめしたい。人気の酒から風変わりな酒までレシピが満載だ。こうしたドリンクを自分で作るための実用的なガイドブックになっている。

Curtis, Wayne, *...And a Bottle of Rum* (New York, 2007)［『……それからラムが一壜と！』］
カリブ海諸島におけるラム酒貿易の歴史にかんする詳細が網羅されている。ただし、後期の発展については概略しか記されていない。

Earle, Alice Morse, *Customs and Fashions in Old New England*［『古きニューイングランドの慣習と流行』］
1700年代の社会をつまびらかに調査しており、章ごとに食べ物や飲み物をテーマにしている。プロジェクト・グーテンベルク［著作権が切れた名作をインターネット上で公開する計画］により、オンラインで読むことができる。

Gjelten, Tom, *Bacardi and the Long Fight for Cuba* (New York, 2008)［『バカルディとキューバのための長き戦い』］
バカルディ一族の歴史を綴った本で、ぐいぐい惹きつけられる。崩壊した行政のもと、ラム酒を造って大金を稼いだ、優秀かつ向こうみずなビジネスマンを数世代にわたって紹介している。ポリティカル・スリラー感覚で読める一族史だ。

Morewood, Samuel, *A Philosophical and Statistical History of the Inventions and Customs of Ancient and Modern Nations in the Manufacture and Use of Inebriating Liquors* (London, 1838)［『酒の製造と利用にかんする古代および現代国家の発明と慣習　哲学的・統計的観点から見た歴史』］
モアウッドは消費税の収税吏だったが、アルコールに対する興味はイギリス帝国での酒の収税の域をはるかに超えていた。醗酵や蒸溜技術の歴史を念入りに調

レシピ集

ラム・ドリンク

バーテンダーの歴史豊かなマニュアルから本書に載せるレシピを選ぶのは難しい。だが、ほとんどのバーテンダーがレパートリーにしているものや容易にレシピを入手できるものは避けた。これから紹介するドリンクは簡単に作れるうえ、すぐ手に入る材料しか使っていない。

◉ラム・シュラブ（1670年代）

暑い日に適したラム・シュラブはいま人気をとり戻しつつある。植民地時代のレシピをいくつか入手できるが、ほとんどはのどが渇いた客が押し寄せる居酒屋用で、大量に作るために考えられたものだ。これから紹介する現代版はベリーを添える。オリジナルはラズベリーだ。

水…225*ml*
砂糖…200*g*
ラズベリー、または、細かくきざんだイチゴ…700*g*
白ワインビネガー（ホワイトビネガー、穀物酢は不適）…450*ml*

1. 鍋に水と砂糖を入れ、かきまぜながら沸騰させる。
2. 弱火にしてラズベリーを入れ、かきまぜながら10分煮たら、白ワインビネガーを加え、さらに2分煮る。
3. 濾《こ》し器に2を入れてラズベリーを押しつぶす。冷ましてから容器に移し、少なくとも1日冷やす。
4. できあがったシュラブは冷蔵庫で1か月もつ。飲むときはシュラブ：ラム酒：水を2：1：1で割る。香りや炭酸を足したければ、水の代わりにジンジャービールかジンジャーエールを使ってもいい。

◉ランドロード・メイ・フリップ（1671年）

砂糖…900*g*
卵…2個
生クリーム…225*ml*
黒ビールまたはアンバーエール…600*ml*程度
安価なライト・ラム…140*ml*

1. 砂糖、卵、生クリームをまぜ、冷蔵庫か室温の低い部屋で2日間寝かせる。
2. 出すときは、1リットルほど入るマグの⅔までビールを注ぎ、その上から1をスプーン山盛り4杯乗せたら、熱した火かき棒を入れてゴボゴボと泡立たせる。
3. 最後にラム酒を注ぎ、熱いうちに飲む。

私はベルギーのダークエールやメキシコのアン

バービールを使ったものが好みだ。火かき棒を冷たいビールに入れるとかなり勢いよく泡立つ。ビールの量をマグの 2/3 までにしておかないとあふれてしまうので気をつけよう。

………………………………………………

◉マーサ・ワシントンのラム・パンチ（1780年）

シュガーシロップ（砂糖水。他のガイドブック等を参照）…115*ml*
レモン果汁…115*ml*
しぼりたてのオレンジ果汁…115*ml*
ホワイトラム…85*ml*
ダークラム…85*ml*
オレンジキュラソー…85*ml*
レモン…3 個（4 つに切る）
オレンジ…1 個（4 つに切る）
おろしたナツメグ…小さじ 1/2
シナモンスティック…3 本（折る）
クローブ…6 個
沸騰したお湯…340*ml*

1. オレンジ、レモン、シナモンスティック、クローブ、ナツメグを容器の中でつぶす。
2. 1 にシュガーシロップ、レモン果汁、オレンジ果汁を加えたら、沸騰したお湯を注ぎ入れ、数分かけてさます。
3. さめたら、ホワイトラム、ダークラム、オレンジキュラソーを加える。
4. よく濾しながらピッチャーまたはパンチボウルに入れる。
5. 氷を入れたゴブレット[脚つきグラス]に 4 を注ぎ入れ、レモンやオレンジの輪切りを添える。

………………………………………………

◉ムースミルク（20 世紀）

（10 人分）
卵（大）…12 個
砂糖…230*g*
バニラアイスクリーム…2 リットル
牛乳…900*ml*
ダークラム…170*ml*
ライト・ラムまたはブランデー…900*ml*
シナモンパウダー…お好みで適量

1. 卵の白身と黄身を分ける。大きなボウルに黄身を入れて砂糖の半量を少しずつ足し、ふんわりとレモン色になるまでかきまぜる。
2. 別のボウルで卵白を泡立て、残りの砂糖を加え、もったりするまでかきまぜる。
3. 1 に 2 を入れ、牛乳と 2 種のラム酒（またはブランデー）を加えてまぜたら、ラップでおおい、ひと晩寝かせる。
4. パンチボウルに移し、ひと口大にすくったアイスクリームを入れてかきまぜ、10 分置く。出すときにお好みでシナモンパウダーをふる。

ラム酒を使った料理

◉ダッチ・ベイビーのラムソース添え

このペンシルバニア・ダッチ（ドイツ系）の料理は、料理写真家としても知られるローラ・フラワーズのレシピを応用している。彼女の料理ブログは素晴らしい情報が満載だ。

○新鮮なイチゴのラムシロップ

水…115ml
グラニュー糖…100g
イチゴ…350g
レモンの皮…1個分
ホワイトまたはダークラム（私はマイヤーズのダークラムを使う）…大さじ2
塩…ひとつまみ

1. イチゴを洗い、ヘタを取って、フードプロセッサーでピューレにしておく。
2. 中サイズのフライパンに水とグラニュー糖を入れ、透明になるまで弱めの強火で煮たら、ピューレ状のイチゴ、レモンの皮、ラム酒、塩を加える。
3. いったん沸騰したら火を弱め、ぐつぐつ沸いてくるまで煮る。ときどきかきまぜながら、さらに15分煮つめる。さめると粘りが出てくる。
（これは次に示すダッチ・ベイビー2回分の量。残ったシロップは冷蔵庫で保存すれば1〜2日もつし、アイスクリームにかけてもおいしい）

○ダッチ・ベイビー

（お腹が減った人、2人分）

室温の卵…2個
牛乳…115ml
塩…小さじ¼
中力粉…100g
無塩バター…大さじ3
スライスしたイチゴ…175g
粉糖（アイシング用）…適量
イチゴのラムシロップ（レシピ前述）

1. オーブンを220℃に温めておく。
2. 卵、牛乳、塩をまぜ、中力粉を加えたら、なめらかになるまでかきまぜる。
3. 20〜25センチのスキレット［鉄製の厚いフライパン］を中火にかけてバターを溶かし、2を流しいれ、ぴったり1分焼く。
4. スキレットをオーブンに入れたらすぐに設定温度を175℃まで下げ、ふくらんで表面にこんがりと焼き色がつくまでおよそ15分焼く。
5. オーブンからとりだし、スライスしたイチゴを飾り、粉糖とイチゴのラムシロップをかける。
6. 皿にすべらせて半分に切ったら、片方を別の皿に移してすぐに出す。

……………………………………

◉トマス・ジェファーソンのラム・オムレツ

卵…6個
塩…小さじ½
砂糖…大さじ3
ラム酒…大さじ4

バター…大さじ2
粉糖（アイシング用）…大さじ2
アプリコットジャム…大さじ4

1. 卵を割りほぐし、塩、砂糖、ラム酒大さじ2を加え、泡状になるまでまぜる。
2. オムレツ用フライパンにバターを入れて熱し、1を流し入れ、端を返しながら焼く。
3. 全体的に固まり、まだ少しとろみが残る程度になったらたたみこみ、温めた皿にすべらせ、粉糖をふる。
4. 残りのラム酒とアプリコットジャムをまぜてソースを作り、オムレツの上にかけたらすぐに出す。
（ジェファーソン大統領はかなりの甘党だった。もし甘味が苦手なら、粉糖を控えるか半量にしよう。ブランチではソーセージやベーコンなどの塩味のおかずを添えてもいい。あるいは、デザートとしてお客さまに出して驚かせてみよう）

……………………………………………

◉〈ミスター・セシル〉のラムケーキ

本書を書いているあいだ、いくつかのラムケーキを食べ比べた。次に紹介するのは、カリフォルニアにあるレストラン〈ミスター・セシル〉のオーナーであり、映画監督でもあるジョナサン・バロウズ一家のレシピだ。これがずば抜けておいしかった。

細かくきざんだペカンナッツ…115g
薄力粉…330g
ベーキングパウダー…大さじ1
塩…小さじ½
室温に戻した無塩バター…230g
グラニュー糖…454g
卵（大）…5個
バターミルク…170ml
フレンチバニラプディングミックス…1箱
（手に入らなければ、カスタードパウダー30g）
ライト・ラム…115ml

○ソース

無塩バター…110g
砂糖…100g
水…55ml
ラム酒…55ml

1. オーブンを175℃に温めておく。
2. 油を塗ったバント型［リング状のケーキ型］の底にきざんだペカンナッツを敷く。
3. 中サイズのボウルに、薄力粉、ベーキングパウダー、フレンチバニラプディングミックス、塩を入れ、泡だて器でかきまぜる。
4. バターを2.5センチ角に切って、羽根をセットしたミキサーのボウルに入れる。ふわりと軽く、色が薄くなるまで、中高速で3分攪拌する。端についたバターをかきよせる。
5. バターをさらに1分攪拌してクリーム状にし、グラニュー糖を分量の⅛ずつ加え、そのたびに1分攪拌する。ときどき端についたバターをかきよせ

ること。
6. 卵をいちどに入れ、ミキサーを低速にして攪拌する。
7. バターミルクとラム酒を合わせ、3の粉類と交互に6に加えながらなじむまで攪拌する。端についたバターをかきよせ、さらに15秒攪拌する。
8. バント型に7の生地をスプーンですくって入れる。調理台にバント型を何度か落として中の空気を抜き、生地が落ち着いたらオーブンに入れる。
9. 30分したら焼きむらがつかぬよう、バント型を回して位置を変える。1時間ほどたって焼き色がついたら5～10分ごとにチェックする。楊枝を刺して抜いたときに生地がついてこなければできあがり。
10. 焼きあがる少しまえにソースの材料をかきまぜながら煮立て、火からおろしておく。
11. 型に入ったままのケーキにソースをかけたら完全に冷まし（約1時間）、バント型からとりだす。

リチャード・フォス（Richard Foss）
食物史研究家、ジャーナリスト。他の著作に『空と宇宙で口にする飲食物の意外な歴史　*Food in the Air and Space: The Surprising History of Food and Drink in the Skies*』（2014年）がある。

内田智穂子（うちだ・ちほこ）
学習院女子短期大学英語専攻卒。訳書に、キーロン・コノリー『図説　呪われたアメリカの歴史』、サイモン・アクロイド『ボタニカルイラストで見る野菜の歴史百科』、マシュー・フォーステイター／アンナ・パルマー『図説世界を変えた50の経済』（以上、原書房）、ニック・ベギーチ『電子洗脳』（成甲書房）がある。

「食《しょく》」の図書館《としょかん》

ラム酒《しゅ》の歴史《れきし》

●

2018年8月27日　第1刷

著者……………リチャード・フォス
訳者……………内田智穂子《うちだちほこ》
装幀……………佐々木正見
発行者……………成瀬雅人
発行所……………株式会社原書房

〒160-0022 東京都新宿区新宿1-25-13
電話・代表 03(3354)0685
振替・00150-6-151594
http://www.harashobo.co.jp

印刷……………シナノ印刷株式会社
製本……………東京美術紙工協業組合

ISBN 978-4-562-05558-6, Printed in Japan

カクテルの歴史 《「食」の図書館》

ジョセフ・M・カーリン著　甲斐理恵子訳

氷やソーダ水の普及を受けて19世紀初頭にアメリカで生まれ、今では世界中で愛されているカクテル。原形となった「パンチ」との関係やカクテル誕生の謎、ファッションその他への影響や最新事情にも言及。

２２００円

メロンとスイカの歴史 《「食」の図書館》

シルヴィア・ラブグレン著　龍和子訳

おいしいメロンはその昔、「魅力的だがきわめて危険」とされていた!? アフリカからシルクロードを経てアジア、南北アメリカへ…先史時代から現代までの世界のメロンとスイカの複雑で意外な歴史を追う。

２２００円

ホットドッグの歴史 《「食」の図書館》

ブルース・クレイグ著　田口未和訳

ドイツからの移民が持ち込んだソーセージをパンにはさむ――この素朴な料理はなぜアメリカのソウルフードにまでなったのか。歴史、つくり方と売り方、名前の由来ほか、ホットドッグのすべて！

２２００円

トウガラシの歴史 《「食」の図書館》

ヘザー・アーント・アンダーソン著　服部千佳子訳

マイルドなものから激辛まで数百種類。メソアメリカで数千年にわたり栽培されてきたトウガラシが、スペイン人によってヨーロッパに伝わり、世界中の料理に「なくてはならない」存在になるまでの物語。

２２００円

キャビアの歴史 《「食」の図書館》

ニコラ・フレッチャー著　大久保庸子訳

ロシアの体制変換の影響を強く受けながらも常に世界を魅了してきたキャビアの歴史。生産・流通・消費についてはもちろん、ロシア以外のキャビア、乱獲問題、代用品、買い方・食べ方他にもふれる。

２２００円

（価格は税別）